中等职业教育示范专业规划教材

电 工 基 础

（含实验实训）

主　编　杨正红

副主编　刘　靖　徐明前

参　编　黄春娥　杨学兰

主　审　余任之

机械工业出版社

本书是根据中等职业教育示范专业培养"知识型技能人才"的目标定位要求并结合当前中职生源的特点而编写的。本书内容简洁，重点突出，有明确的知识点和能力点，并配有大量习题和测验题，以确保目标任务的完成。

本书分两部分。第一部分为基础知识，主要内容有简单的直流电路、复杂的直流电路、正弦交流电路、实用电工知识和线性电路的暂态过程等；第二部分为实验与实训，主要包括万用表的使用和常用元器件的识别等。

本书可供中等职业学校电子类专业、电气运行专业和家用电器维修等专业使用，也可作为岗位培训教材。

为方便教学，本书配有电子教案，凡选用本书作为授课教材的学校均可来电索取，联系电话：010 – 88379195。

图书在版编目（CIP）数据

电工基础（含实验实训）/杨正红主编 . —北京：机械工业出版社，2008.3（2015.9 重印）

中等职业教育示范专业规划教材

ISBN 978-7-111-23522-4

Ⅰ. 电⋯　Ⅱ. 杨⋯　Ⅲ. 电工学 – 专业学校 – 教材　Ⅳ. TM1

中国版本图书馆 CIP 数据核字（2008）第 023691 号

机械工业出版社（北京市百万庄大街22号　邮政编码100037）
策划编辑：高　倩　张值胜
责任编辑：张值胜　版式设计：霍永明
责任校对：张　媛　责任印制：乔　宇
北京机工印刷厂印刷（三河市南杨庄国丰装订厂装订）
2015 年 9 月第 1 版第 8 次印刷
184mm×260mm · 12.5 印张 · 304 千字
标准书号：ISBN 978-7-111-23522-4
定价：25.00 元

前　言

　　本书是根据中等职业教育示范专业培养"知识型技能人才"的目标定位要求编写的，为全国中等职业技术学校电子类专业通用教材，也可作为家用电器维修专业教材和职业培训教材。书中打星号（*）的部分为选学内容。

　　本书的编写，正视中职生源的特点，本着"理论浅、内容新、应用多和学得活"的指导思想，降低理论深度，加强技能实践环节。版式设计新颖，图文并茂，趣味性强。在内容的编排上重点突出、内容简洁，有明确的知识点和能力点，并结合当前中职学生的特点，讲练结合，注重学生实际动手能力的培养，以确保目标任务的完成和提高学生的自信心。

　　本书的策划构思、大纲编写及统稿工作由广东省电子技术学校高级讲师杨正红负责。参加编写工作的有河南省南阳工业学校的黄春娥老师、江苏武进职教中心的徐明前老师、云南省工业高级技工学校的杨学兰老师。第一部分基础知识中，第一章由杨正红编写；第二章、第五章由黄春娥编写；第三章由徐明前、杨学兰共同编写；第四章由杨学兰编写。第二部分实验与实训中，实验一至实验五、实验八由杨正红、刘靖共同编写；实验六、实验七由黄春娥编写；实验九、实验十由徐明前编写。广东省电子技术学校高级讲师余任之任主审。广东省电子技术学校伍湘彬副校长和蔡桂花高级讲师对本书的编写提出了宝贵的意见和建议，在此表示衷心的感谢。

　　由于编者水平有限，书中难免存在不妥和错误之处，敬请读者批评指正。

编　者

目　录

第二部分 实验与实训

第一部分　基　础　知　识

第一章　简单的直流电路

你将学到什么知识呢?

◇ 你要知道电路的相关内容;明白电气设备的额定值。

◇ 你要记住电流、电压和它们的方向问题。

◇ 你要熟悉欧姆定律,并能正确运用它来解决电路问题。

◇ 你要学会用万用表测量直流电流、电压以及电阻的方法,并能够正确读数。

第一节　电路的组成

一、电路

如图 1-1a 所示,由电源、开关、灯泡（负载）组成的电路,当开关闭合时,灯泡发光。

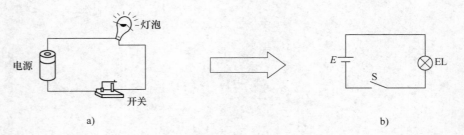

a)　　　　　　　　　　　　　　　　　　b)

图 1-1　实际电路及电路图

a) 实际电路　b) 电路图

二、电路图

用统一规定的图形符号画出的电路称为电路图。如图 1-1b 所示是图 1-1a 的电路图。表 1-1 是部分常见电工图形符号。

三、电路的三种状态

如图 1-2 所示,电路有三种状态:

通路:电路各部分连接成闭合回路,有电流通过时的状态,如图 1-2a 所示。（负载工作状态）

开路:电路断开,没有电流通过时的状态,如图 1-2b 所示。（断路状态）

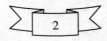

表 1-1　部分常见电气器件的图形符号

图形符号	名称	图形符号	名称	图形符号	名称
—／—	开关	—▭—	电阻器	⊥	接机壳
─╫─	电池	电位器	电位器	⟂	接地
Ⓖ	发电机	─╫─	电容器	○	端子
线圈	线圈	Ⓐ	电流表	─┼─	连接导线 不连接导线
铁心线圈	铁心线圈	Ⓥ	电压表	—▭—	熔断器
抽头线圈	抽头线圈	扬声器	扬声器	⊗	灯

短路：电路（或电路的一部分）被短接，如图 1-2c 所示。如果电源两端直接由导线接通的状态为电源短路，这是一种危险状态，应避免出现。（故障状态）

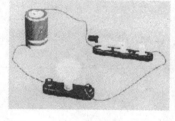 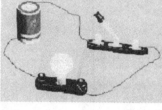 

a)　　　　　　　　　　b)　　　　　　　　　　c)

图 1-2　电路的三种状态

知识点

1. 电流流通的路径叫电路。电路一般由电源、负载、开关和连接导线四部分组成。电源内部的电路叫内电路，电源外部的电路叫外电路。

2. 电路中各组成部分的作用：

电源：把其他形式的能量（如化学能等）转换成电能。

负载：把电能转换成其他形式（如光、热等）的能量。

开关：控制电路的接通和断开。

导线：输送电流。

3. 电路有通路、短路、断路三种状态。

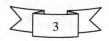

你知道吗？ 干电池

干电池是将电能以化学能的形式保存在其内部，必要时才"取"出来使用的"电罐"。如图 1-3 所示电池的内部结构，用碳棒作为正极，用锌板作为负极，用氯化铵作为电解液。二氧化锰用来防止极化作用。

要特别注意的是，废旧电池对环境有污染，所以不能随便丢弃，应收集起来进行处理。

保护环境 人人有责！

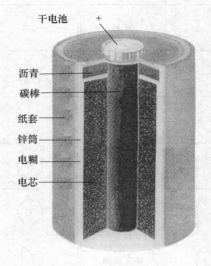

图 1-3　干电池的内部构造

本节习题

1. 电路就是_____通过的路径，它主要由_____、_____、_____、_____ 4 部分组成。

2. 图 1-1 中，灯泡的亮与不亮由_____来控制。

3. 电路有_____种状态，分别是_____、_____和_____。

4. 负载就是用电设备，如电炉把_____能转变为_____能。

5. 电源与负载的本质区别是：电源把_____能转变为_____能；负载把_____能转变为_____能。

第二节　电路的基本物理量

一、电流

（一）电流的定义及方向

电荷的定向移动形成电流。习惯上规定正电荷定向移动的方向为电流的方向。如图 1-4 所示电路，开关闭合后回路中产生了电流，电流方向由电池正极经灯泡回到电池负极。

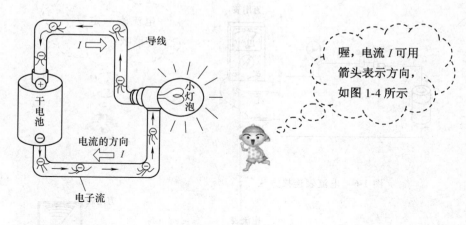

图 1-4 电流

提醒你

在实际电路的分析或计算中，如果某段电路的电流方向难以确定，可先假定任意参考方向求解。当解出的电流为正值时，表明电流的实际方向与假设方向一致；当解出的电流为负值时，表明电流的实际方向与假设方向相反，如图 1-5 所示。

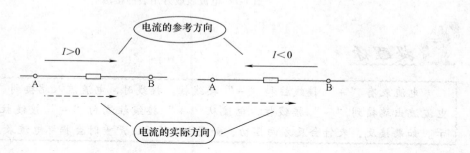

图 1-5 电流的参考方向

（二）电流的大小

电流的大小即电流强度，简称电流，用符号 I 表示，它等于单位时间内通过导体截面的电量。对于直流电流，若在 t 时间内通过某一横截面的电量为 Q，则

$$I = \frac{Q}{t}$$

电流的单位是安（A），还有毫安（mA）、微安（μA）等。

$$1A = 10^3 mA \qquad 1mA = 10^3 \mu A$$

（三）电流的测量

测量电流常用的仪表是电流表或万用表的电流挡，其连接方式如图 1-6 所示。

例如，要测量通过电灯 L_3 的电流，电流表或万用表的接法如图 1-7 所示。

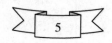

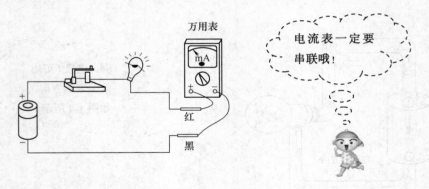

图 1-6　电流表连接方法

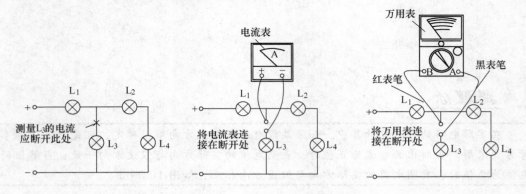

图 1-7　电流表或万用表的接法

提醒你

　　电流表有"＋"接线柱和"－"接线柱。接线时，电流流入端接到"＋"接线柱，电流流出端接到"－"接线柱，电流从"＋"接线柱流向"－"接线柱，如图1-8所示。如果接反，表针会反方向摆动，如图1-9所示，严重时会损坏电流表。

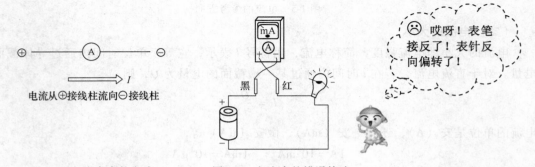

图 1-8　电流表中的电流　　　　图 1-9　电流表的错误接法

（四）技能训练——万用表直流电流挡（直流电流表）的正确使用

1. 选挡　将如图1-10所示万用表的转换开关，拨至测量直流电流的"mA"挡。此时，

万用表就是一块直流电流表。

2. 量程　根据被测电流的大小正确选择量程，通过电流表的电流不能超过它的量程。若不知被测电流的大小时，可先置于直流电流表最高挡试测，如果指针偏转在较小范围内，可再选用较小的一个量程进行试测，直到指针偏转到表盘满刻度约 2/3 以上位置。注意，改变量程时必须将万用表从电路中断开。

3. 连接　电流表应串联接在电路中。红表笔接在电池的正极侧，黑表笔接在电池的负极侧，使电流从红表笔流入、从黑表笔流出，此时指针向右偏转（正偏）；否则，指针反偏（左偏）。

4. 正确读数

（1）读标"mA"的刻度线如图 1-10 所示。

（2）转换开关所指的电流值，即为量程。

例如，转换开关拨至"50mA"挡时，最大可测量 50mA 电流；转换开关拨至"5mA"挡时，最大可测量 5mA 电流。

（3）在量程内，指针摆到任意位置时，按所指的刻度进行如下换算。

$$实际值 = （量程／满刻度）$$
$$× 指针所指的刻度值 \qquad (1-1)$$

例如，转换开关拨至"500mA"挡时，用满刻度为"50"的刻度线读，指针指到"40"刻度，则实际电流值为：
$$（500/50）× 40 = 10 × 40 = 400mA$$

图 1-10　万用表

 提醒你

不能将电流表并联在被测电路两端，因电流表的内阻很小，并联在被测电路两端时会造成短路，严重时将烧坏你的电流表。

二、电压

（一）电压的定义

电路中电流的流动和水的流动类似，都是由"高"往"低"流，如图 1-11 所示。这"高"、"低"的差值就是电压。

电压用符号 U 表示，常用单位是伏特（V），还有千伏（kV）、毫伏（mV）、微伏（μV）等。

$$1kV = 10^3 V \qquad 1V = 10^3 mV \qquad 1mV = 10^3 \mu V$$

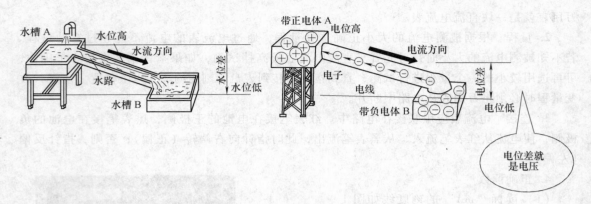

图 1-11　电流从"高"处向"低"处流

 提醒你

　　"电压"是这样定义的：电场力移动电荷所做的功与电荷电量的比值。电压的方向为正电荷在电场力作用下的移动方向。

（二）电压的方向

　　电压方向有几种表示方法：一种是符号 U 加双下标，如 U_{ab} 表示电压方向从 a 指向 b；也可以在电路的两点或元件两端标上极性来表示，还可以用带箭头的线段表示，如图 1-12 所示，电压方向由"＋"的 a 指向"－"的 b。

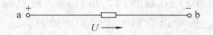

图 1-12　电压的表示方法

 提醒你

　　在实际电路的分析和计算中，当遇到电压的方向难以确定时，与电流一样，可先假设任意参考方向求解，若解出的电压为正值，则表明电压的实际方向与参考方向相同；若解出的电压为负值，则表明电压的实际方向与参考方向相反。

（三）电压的测量

　　测量电压常用的仪表是电压表和万用表的电压挡。其连接方式如图 1-13 所示。

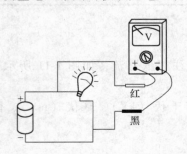

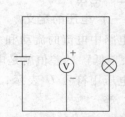

电压表应并联，与电流表不同哦！

图 1-13　电压表连接方式

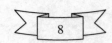

例如，要测量电灯 L_3 两端的电压，电压表或万用表的接法如图 1-14 所示。

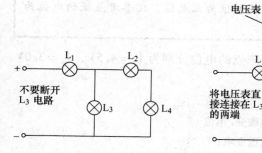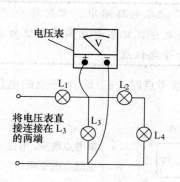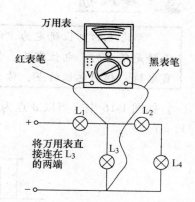

图 1-14　电压表或万用表的接法

 提醒你

电压表在使用中和电流表一样，也要注意正确选择量程。对直流电压表，还要使表的"＋"接线柱接高电位，"－"接线柱接低电位，否则表针会反偏。

（四）技能训练——万用表直流电压挡（直流电压表）的正确使用

1. 选挡　将万用表的转换开关，拨至测量直流电压的"V"挡，如图 1-15 所示。此时，万用表就是一块直流电压表。

2. 量程　根据被测电压的大小正确选择量程。注意所测电压不能超过电压表量程，如不能估计被测电压大小，可先将量程置于最高挡试测（方法与电流表相同）。

3. 连接　电压表应并接在被测电路的两端，且使电流从表的"＋"端接线柱流入，从"－"端接线柱流出。如果接反，指针会反偏。

4. 正确读数

（1）读标"V"的刻度线，如图 1-15 所示。

（2）转换开关所指的电压值，即为量程。

（3）在量程内，指针摆到任意位置时，按所指的刻度进行换算。（方法与电流表读数相同）

图 1-15　万用表拨至电压挡

三、电位

（一）电位的定义

电路中某点与参考点之间的电压叫做该点的电位，用符号 V 表示，电位的单位与电压相同。

提醒你

> 参考点的电位规定为"0"。在电路图中，常用符号"⊥"表示参考点。参考点的选择是任意的。电位有正、负之分，比参考点高的电位为正电位，比参考点低的电位为负电位。相同电位的点，称为等电位点。

如图 1-16 中，当以 d 点为参考点时，a、b、c 三点的电位分别为 $V_a = 4.5V$，$V_b = 3.0V$，$V_c = 1.5V$。

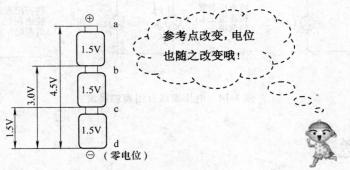

图 1-16　电位的表示

（二）电位的测量

电路中各点的电位，可用电压表或万用表的电压挡测量。如图 1-17 所示是用万用表的电压挡测量电路中各点电位时的连接情况图。

提醒你

> 测量正、负电位时，红、黑表笔的连接情况不同哦。

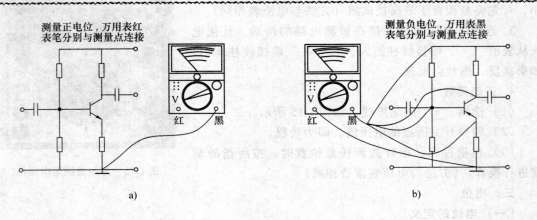

图 1-17　电位的测量

a）测量正电位，万用表黑表笔固定在参考点不动　b）测量负电位，万用表红表笔固定在参考点不动

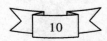

（三）电位与电压的关系

1. 电路中两点之间的电压等于这两点的电位之差。即 $U_{ab} = V_a - V_b$

2. 电路中某一点的电位，等于该点与参考点之间的电压。

3. 参考点改变，各点的电位会随之改变，但两点之间的电压不会改变。

例 1-1　如图 1-18 所示，设 $U_{CO} = 3V$，U_{CD} =2V，试分别以 C 点和 O 点作参考点，求 D 点的电位和 D、O 两点间的电压。

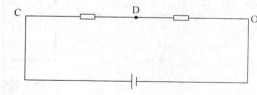

图 1-18　例 1-1 图

解：以 C 点为参考点时，即 $V_C = 0V$

因为　$U_{CD} = V_C - V_D$

所以　$V_D = V_C - U_{CD} = 0V - 2V = -2V$

因为　$U_{CO} = V_C - V_O$

所以　$V_O = V_C - U_{CO} = 0V - 3V = -3V$

$U_{DO} = V_D - V_O = -2V - (-3V) = 1V$

以 O 点为参考点时，即 $V_O = 0$

因为　$U_{CO} = V_C - V_O$

所以　$V_C = U_{CO} + V_O = 3V + 0V = 3V$

因为　$U_{CD} = V_C - V_D$

所以　$V_D = V_C - U_{CD} = 3V - 2V = 1V$

$U_{DO} = V_D - V_O = 1V - 0V = 1V$

从上面的计算可见，参考点改变了，电位的值也改变了。但不管参考点如何变化，两点间的电压是不改变的。通常把这一性质称为电位的相对性和电压的绝对性。

四、电动势

（一）电动势的定义

要让水循环流动，就必须依靠水泵的作用，把低处的水抽到高处。同样的，电流持续流动也存在相同的道理。电路中的电源（如干电池）相当于使水循环流动的水泵，在移动电荷的过程中对电荷做了功。电源的这种作用，称为电动势。其作用原理如图 1-19 所示。

电动势用符号 E 表示，单位也是伏特（V）。

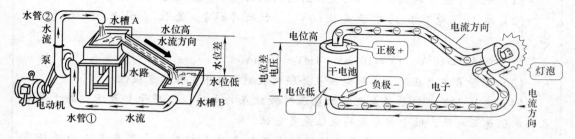

图 1-19　电动势原理

（二）电动势的方向

电动势的方向规定为：由电源负极指向电源正极，即从电源的低电位指向高电位。其表示方法如图 1-20 所示。

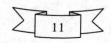

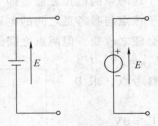

图 1-20　电源的表示

 提醒你

电动势与电压有本质的区别。电动势是衡量非电场力做功的本领大小，而电压是衡量电场力做功的本领大小。电动势仅存在于电源内部，方向是由低电位指向高电位。而电压不仅存在于电源两端，而且也存在于电源外部。

 知识点

1. 电流

(1) 电荷的定向移动形成电流，习惯上规定正电荷定向移动的方向为电流的方向。

(2) 电流方向不随时间而改变的电流叫直流电流。符号为 I。

(3) 电流的单位是安（A）、毫安（mA）、微安（μA）等。

$$1A = 10^3 mA \qquad 1mA = 10^3 μA$$

(4) 测量直流电流时，应将电流表串联到被测电路中，并注意极性。

2. 电压

(1) 电路中任意两点的电位之差，叫这两点的电压。直流电压用符号 U 表示。

(2) 电压（电位）的单位是伏（V）、千伏（kV）、毫伏（mV）、微伏（μV）等。

$$1kV = 10^3 V, \quad 1V = 10^3 mV, \quad 1mV = 10^3 μV$$

(3) 测量直流电压时，应将电压表并联到被测电路中，并注意极性。

(4) 电场中某点与参考点之间的电压叫做该点的电位，用符号 V 表示。高于参考点的电位是正电位，低于参考点的电位是负电位。

(5) 电压是绝对值，与参考点的选择无关；电位是相对值，与参考点的选择有关。$U_{ab} = V_a - V_b$

(6) 电动势 E 仅存在于电源内部，方向由电源负极指向电源正极。

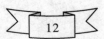

你知道吗？ 低压、高压、强电、弱电的区分

配电线路中有低压、高压之分。一般，家庭中以低压布线为主。在电器方面的低压、高压，强电、弱电的分别：

400V以下为低压，1000V以上为高压。测电笔只可用于低压，高压不可用。

强电指400V以下，36V以上；弱电指36V以下。强电有生命危险，弱电一般无危险。

本节习题

1. 完成下列单位换算

（1）0.5A = _____mA，（2）100mA = _____A，（3）5mV = _____V。

2. 用电流表测量电流时，必须先_____电路，然后将电流表_____联到电路中，且应使电流从电流表的_____极流入，_____极流出。

3. 电源电动势的方向规定是由电源的_____端指向_____端，即电位_____的方向。

4. 电源内部的电流由_____极流向_____极；而电源外部，电流则由_____极流向_____极，以形成闭合电路。

5. （1）在图1-21a中，已知：$U_{ab} = -5V$，试问a、b两点哪点电位高？

（2）在图1-21b中，已知：$U_1 = -6V$，$U_2 = 4V$，试问U_{ab}等于多少？

图1-21 习题5（2）图

6. 读出图1-22中表盘所指示的被测电流值。

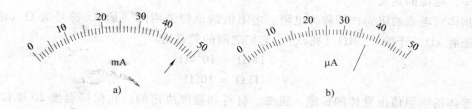

图1-22 习题6图

7. 读出图 1-23 中表盘所指示的被测电压值。

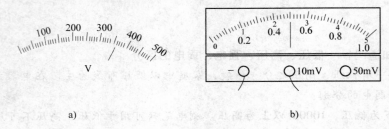

a)   b)

图 1-23 习题 7 图

8. 在图 1-24 所示电路中，已知 $V_a = 50\text{V}$，$V_b = -40\text{V}$，$V_c = 30\text{V}$，试求：U_{ab}、U_{ac}、U_{bc}、U_{be}、U_{oa}、U_{oc}。

9. 在图 1-25 所示电路中，请标出电动势和端电压的方向。若电动势为 9V，$U_{ab} = ?$

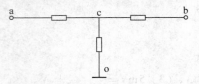

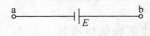

图 1-24 习题 8 图   图 1-25 习题 9 图

10. 在图 1-26 所示电路中，当选 c 点为参考点时，已知 $V_a = -6\text{V}$，$V_b = -3\text{V}$，$V_d = -2\text{V}$，$V_e = -4\text{V}$。求：（1）U_{ab}、U_{ac}、U_{bc}、U_{cd}、U_{de} 各是多少？（2）如选 d 点为参考点时，再求各点电位。

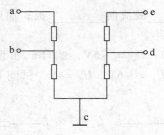

图 1-26 习题 10 图

第三节 电   阻

一、电阻的定义

物体对电流的阻碍作用称为电阻。电阻值的单位采用欧「姆」，符号为 Ω（欧）。常用单位还有 kΩ（千欧）、MΩ（兆欧），它们之间的关系是：

$$1\text{M}\Omega = 10^3\text{k}\Omega$$

$$1\text{k}\Omega = 10^3\Omega$$

导体的电阻值由导体的长短、粗细、材料和温度决定的。在保持温度 20 单位摄氏度不变的条件下，导体的电阻值与导体的长度成正比，与导体的横截面积成反比。

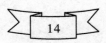

提醒你

> 导体的电阻值不仅与材料的种类、尺寸有关，还和温度有关。当温度升高后，一般金属材料的电阻值会增大，而碳、电解液及某些合金材料的电阻值会减小。

二、常用电阻器

利用导体的电阻性能制成的具有一定电阻值的实体元件，称为电阻器，简称电阻。一般根据其工作特性及电路功能可分为固定电阻器、可变电阻器和敏感电阻器三大类。图1-27所示的是部分常用电阻器外形及图形符号。

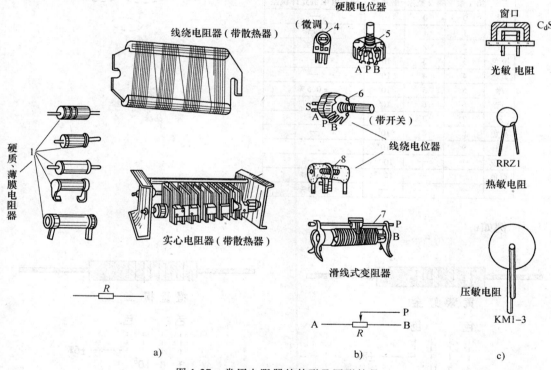

图 1-27　常用电阻器的外形及图形符号

a）固定电阻　b）可变电阻　c）敏感电阻

提醒你

> 可变电阻的电阻值可以在一定的范围内变化。敏感电阻是指对温度，电压，光照，压力，磁场，湿度，气体等作用敏感的电阻器，可分为热敏、压敏、光敏、力敏、磁敏、湿敏、气敏等类型。如热敏电阻的电阻值随温度变化而改变；压敏电阻在其外加电压增加到某一临界值时，阻值会急剧减小。

三、色标的读法

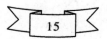

电阻器的标称值及其允许误差，可用不同的颜色直接标在电阻器上。用颜色表示的方法见表 1-2。第 1 色带和第 2 色带分别表示以欧（姆）为单位的标称电阻值的第一位数和第二位数，第 3 色带为倍乘数（10 的幂数），第 4 色带表示标称电阻值的允许误差。

表 1-2　电阻器的色标符号及其意义

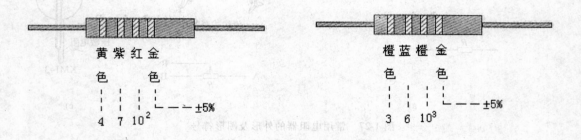

金色、银色不能表示第 1 色带，要记住哦！

色名	第 1 色带	第 2 色带	第 3 色带	第 4 色带
	第 1 数字	第 2 数字	倍乘数	标称电阻值允许误差
黑	0	0	10^{0}	—
棕色	1	1	10^{1}	±1%
红	2	2	10^{2}	±2%
橙色	3	3	10^{3}	—
黄色	4	4	10^{4}	—
绿	5	5	10^{5}	±0.5%
蓝	6	6	10^{6}	—
紫	7	7	10^{7}	—
灰色	8	8	10^{8}	—
白	9	9	10^{9}	—
金色	—	—	10^{-1}	±5%
银色	—	—	10^{-2}	±10%
—	—	—	—	±20%

例如：

黄　紫　红　金
色　　　　色

4　7　10^{2}　　—　±5%

电阻值 $R = 47 \times 10^{2}\Omega \pm 5\% = 4.7k\Omega \pm 5\%$

橙　蓝　橙　金
色　　　　色

3　6　10^{3}　　—　±5%

电阻值 $R = 36 \times 10^{3}\Omega \pm 5\% = 36k\Omega \pm 5\%$

棕　灰　紫　棕　棕
色　　　　　色

1　8　7　10^{1}　　—　±1%

精密电阻器用 3 位有效数字表示，它一般有 5 环

电阻值 $R = 187 \times 10^1 \Omega = 1.87 k\Omega \pm 1\%$

四、技能训练——万用表测量电阻

1. **选挡**　将万用表的转换开关拨至欧姆"Ω"挡，如图 1-28b 所示。

2. **欧姆（短路）调零**　将红、黑两表笔连接在一起，观察指针是否对准表盘最右端零欧姆刻度线处，如没有，则调节"欧姆（电气）调节旋钮"使之对准，如图 1-28 所示，此操作称为欧姆（或短路）调零。如果指针不能调到零位，说明电池电压不足或仪表内部有问题。注意，每换一次倍率挡，都要再次进行欧姆调零，以保证测量准确。

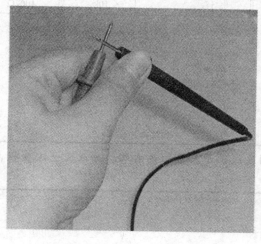

a)　　　　　　　　　　　　　　　b)

图 1-28　短路调零
a) 红、黑两表笔连接在一起　b) 调零

3. **量程**　万用表欧姆挡的刻度线是不均匀的，所以倍率挡的选择应使指针停留在刻度线较稀的部分为宜。为提高读数的准确性，选择量程挡时尽量使指针指在刻度尺的 1/2 处，这样示值误差较小。

4. **连接**　测量电阻时注意接入方式必须正确，不要将人体电阻接入，以免产生误差，如图 1-29 所示。

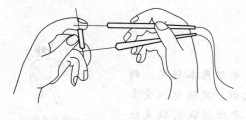
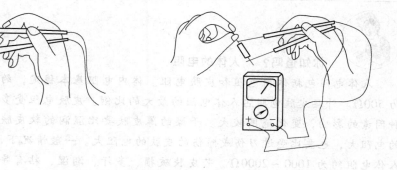

a)　　　　　　　　　　　　　　　b)

图 1-29　万用表测电阻
a) 错误接法　b) 正确接法

5. 正确读数　读标"Ω"的刻度线。指针指示值乘以倍率即为电阻的测量值。如图1-30所示指针指示值，不同量程，读数不同。

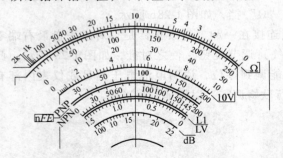

	量程	读数
	×1	10Ω
	×10	100Ω
直流电阻	×100	1kΩ
	×1k	10kΩ
	×10k	100kΩ

图1-30　电阻的读数

 提醒你

　　欧姆挡的刻度线是不均匀的，且零刻度线位于表盘的最右端。每改变一次量程，都要重新进行一次短路调零方可测量。

 **知识点**

　　1. 电阻 R 是反映导体对电流阻碍作用的物理量。电阻值的常用单位是 Ω（欧姆）、kΩ（千欧）、MΩ（兆欧）。$1MΩ = 10^3 kΩ$，$1kΩ = 10^3 Ω$。

　　2. 电阻器一般可分为固定电阻器、可变电阻器和敏感电阻器三大类。

　　3. 电阻值的大小可直接由色标颜色获知，也可用万用表测量。用万用表测电阻时，别忘了要短路调零。

 你知道吗？　人体的电阻

　　人体电阻包括体内电阻和皮肤电阻。体内电阻基本稳定，约为500Ω。外层皮肤电阻占人体电阻的最大的比例。皮肤电阻受多种因素的影响，变化范围较大。干燥的薄皮肤要比湿润的软皮肤的电阻大，也要比受过刀伤或擦伤的皮肤的电阻大。一般情况下，人体电阻约为1000~2000Ω。若皮肤破损、多汗、潮湿、粘有导电粉尘、接触导体的面积和接触压力大，都会使人体电阻降低，如图1-31所示。

如果手是湿的，
人体电阻将变小。

图　1-31

 本节习题

1. 电阻是表示导体对电流起_____作用的物理量。

2. 用色标法标示以下电阻器：

$205\Omega \pm 1\%$ ； $4.7k\Omega \pm 10\%$ ； $100\Omega \pm 5\%$

3. 判别色环电阻：

（1）棕红金金

阻值_____误差_____

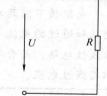

（2）橙橙黄银

阻值_____误差_____

（3）绿棕红金

阻值_____误差_____

（4）黄紫棕银

阻值_____误差_____

第四节　欧 姆 定 律

一、部分电路的欧姆定律

图 1-32 所示为一段不含电源的部分电路。当在电阻 R 两端加上电压 U 时，电阻中就有电流通过。电流的大小与这段电路两端的电压 U 成正比，与这段电路的电阻 R 成反比。这就是著名的欧姆定律。

欧姆定律的表达式

$$I = \frac{U}{R} \implies U = IR \qquad (1\text{-}2)$$

式中，若电压 U 的单位为伏（V），电阻 R 的单位为欧（Ω），则电流 I 的单位就是安（A）。

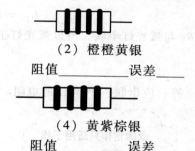

图 1-32　一段不含
电源的部分电路

 提醒你

上面的表达式，是在电流、电压的参考方向一致的条件下成立的。如果电流、电压的参考方向不一致，如图 1-33 所示，则式（1-2）应写为

$$I = -\frac{U}{R} \quad \text{或} \quad U = -IR$$

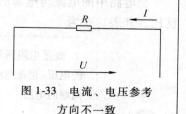

图 1-33　电流、电压参考
方向不一致

例 1-2　已知某电阻 $R = 30\Omega$，而其两端的电压 $U = 6V$，求流过该电阻的电流为多大？

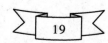

解：$I = \dfrac{U}{R} = \dfrac{6}{20}\text{A} = 0.3\text{A}$

答：所求电流为 0.3A。

　　例 1-3　有一盏弧光灯，正常工作时通过的电流 $I = 5\text{A}$，两端的电压 $U_1 = 40\text{V}$。应该怎样把它接入 220V 的照明电路中？

　　解：直接把弧光灯连入电路是不行的，因为照明电路的电压比弧光灯能承受的电压高的多。为此可以在弧光灯上串联一个适当的电阻 R_2，以分掉超过的电压，如图 1-34 所示。

　　显然，R_2 两端的电压

$$U_2 = U - U_1 = 20\text{V} - 40\text{V} = 180\text{V}$$

因 R_2 与弧光灯串联，所以弧光灯正常工作时，流过的 R_2 电流也是 5A。因此

$$R_2 = \dfrac{180}{5}\Omega = 36(\Omega)$$

　　答：应串联一个 36Ω 的电阻。

欧姆定律只适用于线性电路哦！

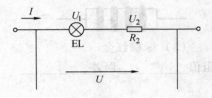

图 1-34　例 1-3 图

提醒你

　　电阻值不随两端的电压和通过的电流而改变的电阻叫做线性电阻，电阻值随两端的电压和通过的电流而改变的电阻叫做非线性电阻。由线性电阻及其他元件组成的电路叫做线性电路，而含有非线性电阻的电路叫做非线性电路。今后除特别指出外，所有电阻都指线性电阻。

二、全电路欧姆定律

　　全电路是指含有电源的闭合电路，如图 1-35 所示。

　　全电路欧姆定律的内容：

　　全电路中的电流与电源的电动势成正比，与电路中内电阻和外电阻之和（总电阻）成反比。其表达式为

$$I = \dfrac{E}{R + r} \qquad (1-3)$$

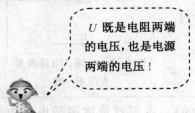

U 既是电阻两端的电压，也是电源两端的电压！

由式（1-4）可得

$$E = I(R + r) = IR + Ir = U + U_r$$

$$U = IR = E - U_r = E - Ir$$

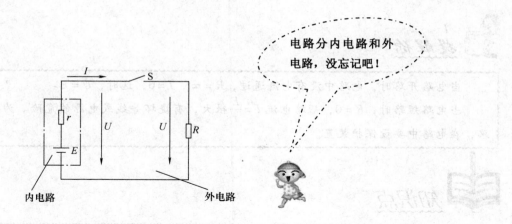

图 1-35 全电路

例 1-4 如图 1-35 所示电路中，若电源电动势 $E = 24\text{V}$，内阻 $r = 4\Omega$，负载电阻 $R = 20\Omega$，试求：（1）电路中的电流；（2）电源的端电压；（3）负载上的电压降；（4）电源内阻上的电压降。

解：（1）$I = \dfrac{E}{R + r} = \dfrac{24}{20 + 4}\text{A} = 1\text{A}$

（2）$U = E - Ir = 24\text{V} - 1 \times 4\text{V} = 20\text{V}$

（3）$U = IR = 1 \times 20\text{V} = 20\text{V}$

（4）$U_r = Ir = 1 \times 4\text{V} = 4\text{V}$

答：略。

例 1-5 已知电池的开路电压为 1.5V，接上 9Ω 的负载电阻时，其端电压为 1.35V。求电池的内电阻 r。

解：开路时，$E = U$，则 $E = 1.5\text{V}$

接 9Ω 电阻时，$U = 1.35\text{V}$，则 $I = \dfrac{U}{R} = \dfrac{1.35}{9}\text{A} = 0.15\text{A}$

故电源的内阻为

$$r = \frac{E}{I} - R = \frac{1.5\text{V}}{0.15\text{A}} - 9\Omega = 1\Omega$$

答：略。

三、电源的外特性

电源端电压随负载电流变化的关系，称为电流的外特性。其外特性曲线如图 1-36 所示。由电源的外特性曲线可以看到，随着输出电流 I 的增加，电源端电压 U 按直线规律下降。同时，端电压的大小还与电源内阻有关。在负载电流不变的情况下，内阻减小，端电压的下降减小，内阻增大，端电压的下降增大。当内阻为零时，端电压不再随电流变化，如图中虚线所示。

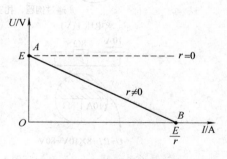

图 1-36 电源的外特性曲线

提醒你

当电路开路时，电路中没有电流通过，$R=\infty$，$I=0$，这时，$U=E$。

当电路短路时，$R=0$，短路电流 $I=\dfrac{E}{r}$ 很大，有烧坏导线或电源的危险。为防止短路，在电路中要设保护装置。

知识点

欧姆定律总结了简单电路中电压、电动势、电流和电阻之间的定量关系：

1. 部分电路欧姆定律：

$$I=\frac{U}{R} \quad U=IR \quad （电流与电压的参考方向一致）$$

或

$$I=-\frac{U}{R} \quad U=-IR \quad （电流与电压的参考方向不一致）$$

2. 全电路欧姆定律：

$$I=\frac{E}{R+r}$$

$$E=I(R+r)=IR+Ir=U+Ur$$

$$U=IR=E-U_r=E-Ir$$

$$U_r=Ir$$

3. 电源的端电压 U 为电源电动势 E 与内电压 Ir 之差，电源的端电压 U 随电流的增大而下降。当外电路断开，$I=0$ 时，电源的端电压与电源电动势相等，即 $U=E$；当电源短路，电源的电压为"0"，即 $U=0$。

你知道吗？　欧姆定律的记忆方法

将欧姆定律用图 1-37 所示方法表示，是便于记忆的。

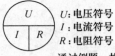

U：电压符号
I：电流符号
R：电阻符号

通过例题，扎实掌握其使用方法

求电压 $V(\mathrm{V})$　　　　求电流 $I(\mathrm{A})$　　　　求电阻 $R(\Omega)$

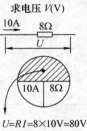

$U=RI=8\times10\mathrm{V}=80\mathrm{V}$

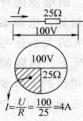

$I=\dfrac{U}{R}=\dfrac{100}{25}=4\mathrm{A}$

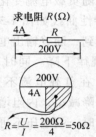

$R=\dfrac{U}{I}=\dfrac{200\Omega}{4}=50\Omega$

图 1-37　欧姆定律表示方法

本节习题

1. 下列说法对吗？为什么？

（1）当电源的内阻为零时，电源电动势的大小就等于电源端电压。

（2）当电源开路时，电源电动势的大小就等于电源端电压。

（3）在通路状态下，负载电阻变大，端电压就下降。

（4）在短路状态下，内压降等于零。

2. 电路如图 1-38 所示。a 图中电流表 A1 的读数为_____，A2 的读数为_____；b 图中电流表 A1 的读数为_____，A2 的读数为_____，A3 的读数为_____。

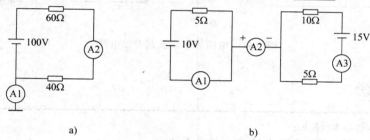

图 1-38　习题 2 图

3. 有一电阻，当它两端加上 10V 电压时，流过的电流为 0.5A，则电阻的阻值为____Ω。

4. 有一电灯接在 220V 的直流电源上，此时电灯的电阻为 484Ω，则通过电灯的电流 I =_____ A。

5. 电源开路时，电源输出电流为____，电源两端电压称为____，其值等于____。

6. 电源短路时，负载两端电压为____，电源电流称为____，其值等于____。

7. 电源电动势为 12V，其内阻为 0.5Ω，当负载电流为 10A 时，其输出电压为____ V。

8. 在图 1-39 所示的电路中，已知电源电动势 E = 220V，内阻 r = 10Ω，负载电阻是 R = 100Ω。求：（1）电路中的电流；（2）电源端电压；（3）负载电阻上的电压降；（4）内压降。

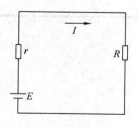

图 1-39　习题 8 图

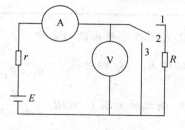

图 1-40　习题 9 图

9. 在图 1-40 所示电路中，已知：E = 6V，r = 2Ω，R = 198Ω，求开关 S 分别打在 1、2、3 位置时，电压表和电流表的读数。

第五节　串、并联电阻的分压、分流作用

一、串联电阻的分压作用

（一）电阻的串联

将两个或两个以上的电阻依次连接，中间无分支，这种连接法称为电阻的串联。如图1-41 所示是两个电阻的串联电路。

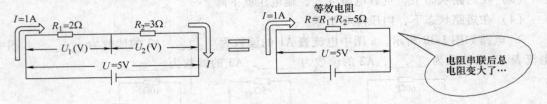

图1-41　电阻的串联及其等效电路

 提醒你

电阻串联电路的特点：

$I_1 = I_2 = \cdots = I_n = I$，串联电路中电流处处相等。

$U = U_1 + U_2 + \cdots + U_n$，串联电路中总电压等于分电压之和。

$R = R_1 + R_2 + \cdots + R_n$，串联电路中总电阻（也称等效电阻）等于各串联电阻之和。

（二）串联电阻的分压作用

串联电阻可以起到分压作用。图1-41中，两个电阻串联时的分压公式为

$$U_1 = \frac{R_1}{R_1 + R_2} U$$

$$U_2 = \frac{R_2}{R_1 + R_2} U \tag{1-4}$$

 提醒你

上式的推导利用欧姆定律

流过 R_1、R_2 的电流 $I = \dfrac{U}{R_1 + R_2}$

R_1 两端的电压 $U_1 = IR_1 = \dfrac{R_1}{R_1 + R_2} U$

同理，R_2 两端的电压 $U_2 = IR_2 = \dfrac{R_2}{R_1 + R_2} U$

电阻越大，分压越多。

（三）电阻串联的应用——电压表的改装

改装前，量程 $U_g = I_g R_g$（毫伏级）不能适应高电压的测量；改装后，量程 $U = I_g (R_g + R)$ 可以根据量程挡的需要串联不同阻值的分压电阻 R（R 一般大于 R_g）。如图 1-42 所示。

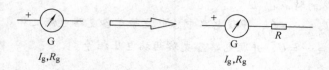

图 1-42　电压表的改装

例 1-6　设有一只微安表头，其内阻 $r_g = 1 k\Omega$，满刻度偏转电流（即允许流过的最大电流）$I_g = 100 \mu A$。若要把它改装成量程为 15V 的电压表，如图 1-43 所示，应串联多大的分压电阻 R_f？

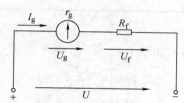

图 1-43　例 1-6 图

解：因为分压电阻 R_f 与表头串联，所以允许通过 R_f 的最大电流也是 $100 \mu A$，故有

$$I_g = \frac{U_f}{R_f} = \frac{U - I_g r_g}{R_f}$$

$$R_f = \frac{U - I_g r_g}{I_g} = \frac{15V - 100 \times 10^{-6} \times 10^3 V}{100 \times 10^{-6} A} = 149 k\Omega$$

二、并联电阻的分流作用

（一）电阻的并联

将两个或两个以上的电阻，并列地连接在相同的两点之间的连接方式叫做电阻的并联。图 1-44 所示是两个电阻的并联电路。

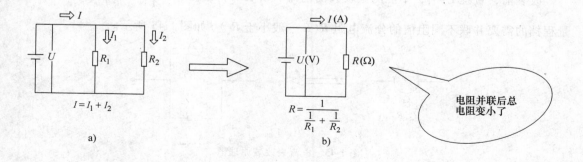

图 1-44　电阻的并联及其等效电路

提醒你

> 电阻并联电路的特点：
> （1）$I = I_1 + I_2 + \cdots + I_n$，并联电路中总电流等于各支路电流之和。
> （2）$U_1 = U_2 = \cdots = U$，并联电路各支路两端电压相等。
> （3）$\dfrac{1}{R} = \dfrac{1}{R_1} + \dfrac{1}{R_2} + \cdots + \dfrac{1}{R_n}$，并联电路总电阻的倒数等于各个电阻的倒数之和。
>
> 特别地，两个电阻并联的等效电阻还可表示为 $R = \dfrac{R_1 R_2}{R_1 + R_2}$；
>
> n 个相同的电阻 R_1 并联时，等效电阻可简化为 $R = \dfrac{R_1}{n}$，其中 n 为并联电阻的个数。

（二）并联电阻的分流作用

并联电阻可以起到分流作用。如图 1-44 所示，两个电阻并联时的分流公式为

$$I_1 = \frac{R_2}{R_1 + R_2} I$$
$$I_2 = \frac{R_1}{R_1 + R_2} I$$

(1-5)

 提醒你

> 上式的推导也是根据欧姆定律，这里不在赘述。
> 电阻并联电路中，流过各电阻的电流与其阻值成反比。阻值越大，流过的电流越小；阻值越小，流过的电流越大。

（三）电阻并联的应用——电流表的改装

改装前，量程 $I = I_g$，不能测量较大的电流。改装后，量程 $I = \left(1 + \dfrac{R_g}{R}\right) \times I_g$，可以根据量程挡的需要并联不同阻值的分流电阻 R（R 一般小于 R_g），如图 1-45 所示。

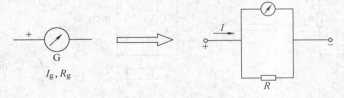

图 1-45　电流表改装原理图

三、电阻的混联

既有电阻串联又有电阻并联的连接方式，叫做电阻的混联。如图 1-46 所示电路中，图

a、b 分别是电阻的串、并联，图 c、d 是电阻的混联。

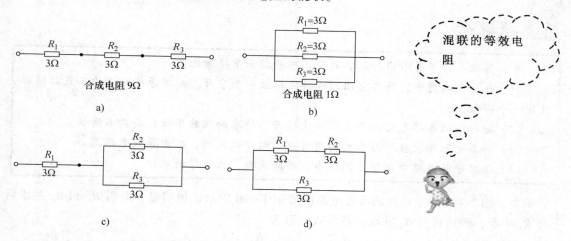

R_1
3Ω
R_2
3Ω
R_3
3Ω
合成电阻 9Ω
a)
R_1=3Ω
R_2=3Ω
R_3=3Ω
合成电阻 1Ω
b)
c)
d)

混联的等效电阻

图 1-46　三个电阻的连接方法

a）串联　b）并联　c）混联　d）混联

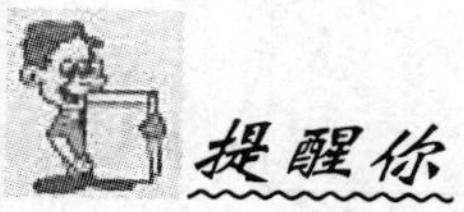

提醒你

欲求混联电路的总电阻，可先将串联支路或并联支路的等效电阻计算出来，再求总的等效电阻。

例如：求图 1-46c 中总电阻，按图 1-47 所示的顺序进行；而图 1-46d 的情况，则按图 1-48 的顺序进行。

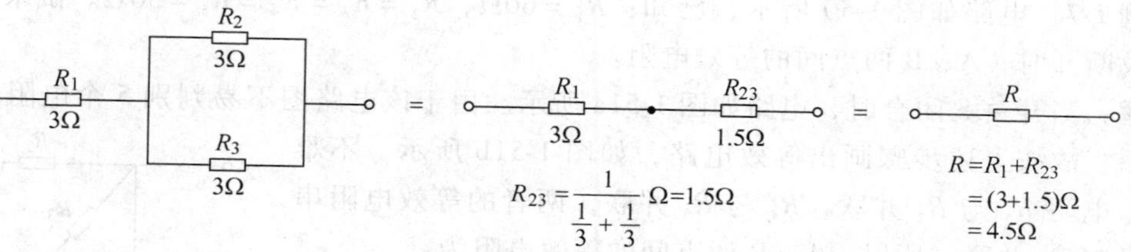

R_1
3Ω
R_2
3Ω
R_3
3Ω
R_{23}
1.5Ω
R
$R_{23}=\dfrac{1}{\dfrac{1}{3}+\dfrac{1}{3}}\Omega=1.5\Omega$
$R=R_1+R_{23}=(3+1.5)\Omega=4.5\Omega$

图 1-47　串并联电路的等效电阻（1）

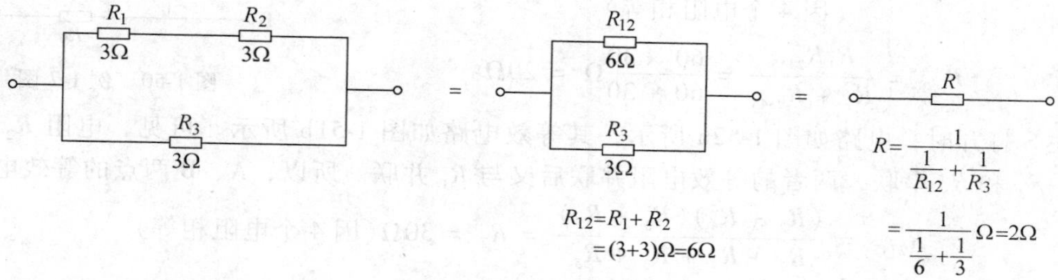

R_1
3Ω
R_2
3Ω
R_3
3Ω
R_{12}
6Ω
R
$R_{12}=R_1+R_2=(3+3)\Omega=6\Omega$
$R=\dfrac{1}{\dfrac{1}{R_{12}}+\dfrac{1}{R_3}}=\dfrac{1}{\dfrac{1}{6}+\dfrac{1}{3}}\Omega=2\Omega$

图 1-48　串并联电路的等效电阻（2）

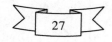

串、并联关系不易看出的混联电路，可采用如下步骤化简：

(1) 在原电路图中，给各电阻的连接点标注一个字母，对用导线相连的各点必须标注同一个字母。

(2) 把标注的各字母沿水平方向依次排开，待求两端的字母排在左右两端。

(3) 将各电阻依次接入与原电路图对应的两字母之间，画出等效电路图。

(4) 根据等效电路中电阻之间的串、并联关系，求出等效电阻。

例如，图 1-49a 所示电路的等效电路图如图 1-49b 所示。很明显，电阻 R_3 和 R_4 并联后先与 R_1 串联，然后再与 R_2 并联，其等效电阻为

$$R_{134} = R_1 + \frac{R_3 R}{R_3 + R_4} = R_1 + \frac{R_3}{2} = 4\Omega + \frac{4}{2}\Omega = 6\Omega$$

$$R = R_{AB} = \frac{R_2 R_{134}}{R_2 + R_{134}} = \frac{R_2}{2} = \frac{6}{2}\Omega = 3\Omega$$

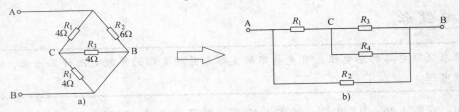

图 1-49 电路等效

例 1-7 电路如图 1-50 所示，已知：$R_1 = 60\Omega$，$R_2 = R_3 = R_4 = R_5 = 30\Omega$。试求当开关 S 闭合及断开时，A、B 两点间的等效电阻。

解： 当开关 S 闭合时，电路如图 1-51a 所示。由于该电路图不易判别 5 个电阻的串、并联关系，故按上述步骤画出等效电路，如图 1-51b 所示。不难看出，电阻 R_2 与 R_3 并联，R_4 与 R_5 并联，两者的等效电阻串联后又与 R_1 并联。所以，A、B 两点间的等效电阻为

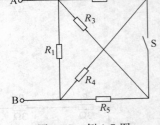

$$R_{2345} = \frac{R_2 R_3}{R_2 + R_3} + \frac{R_4 R_5}{R_4 + R_5} = \frac{R_2}{2} + \frac{R_4}{2} = R_2 = 30\Omega$$
（因 4 个电阻相等）

$$R_{AB} = \frac{R_1 R_{2345}}{R_1 + R_{2345}} = \frac{60 \times 30}{60 + 30}\Omega = 20\Omega$$

图 1-50 例 1-7 图

当开关 S 打开时，电路如图 1-52a 所示，其等效电路如图 1-51b 所示。可见，电阻 R_2 和 R_4 串联，R_3 和 R_5 串联，两者的等效电阻并联后又与 R_1 并联。所以，A、B 两点的等效电阻为

$$R_{2345} = \frac{(R_2 + R_4)(R_3 + R_5)}{R_2 + R_4 + R_3 + R_5} = R_2 = 30\Omega（因 4 个电阻相等）$$

$$R_{AB} = \frac{R_1 R_{2345}}{R_1 + R_{2345}} = \frac{60 \times 30}{60 + 30}\Omega = 20\Omega$$

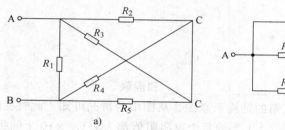

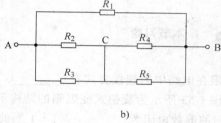

图 1-51　例 1-7 图

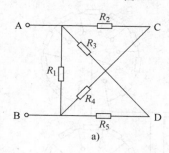

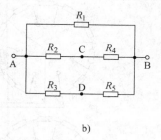

图 1-52　例 1-7 图

知识点

1. 电阻的连接方式有串联、并联和混联。

2. 串联电阻可以起到分压作用；并联电阻可以起到分流作用。

3. 分压公式：　$U_1 = \dfrac{R_1}{R_1 + R_2}U$　　　$U_2 = \dfrac{R_2}{R_1 + R_2}U$

4. 分流公式：　$I_1 = \dfrac{R_2}{R_1 + R_2}I$　　　$I_2 = \dfrac{R_1}{R_1 + R_2}I$

5. 利用串联电阻的分压作用可以扩大电压表的量程；利用并联电阻的分流作用可以扩大电流表的量程。

你知道吗？　　电压表和电流表的改装

　　电压表和电流表的核心部件是一只表头，也就是一只微安表，它有一个小的内阻，当通过它的电流达到满偏电流 I_g 时，指针偏转到满刻度，此时，它所对应的被测电流为 I_g（微安级），所代表的电压等于 $I_g \times R_g$，数值都非常小，不能满足通常的电流、电压的测量，所以常常要通过对微安表加上其他电路，扩大其量程，使之成为电流表和电压表，称之为电流表和电压表的改装。

本节习题

1. 电阻在电路中的连接方式有_____、_____和混联。

2. 如图 1-53 所示为旋钮式变阻箱的结构示意图，从图中的情况可知，此时变阻箱 A、B 两接线柱间的等效电阻为_____。（×1 上的每个电阻阻值都为 1Ω，×10 上的每个电阻阻值都是 10Ω，×100 上的每个电阻阻值都是 100Ω，×1000 上的每个电阻阻值都是 1000Ω）

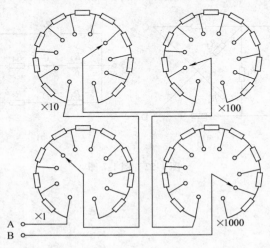

图 1-53　习题 2 图

3. 两个电阻 R_1、R_2 具有下列五组数值：（1）$R_1 = R_2 = 1\text{k}\Omega$；（2）$R_1 = 1\text{k}\Omega$，$R_2 = 0\Omega$；（3）$R_1 = 3\text{k}\Omega$，$R_2 = 6\text{k}\Omega$；（4）$R_1 = R_2 = 1\text{M}\Omega$；（5）$R_1 = 1\Omega$，$R_2 = 10\text{k}\Omega$。当 R_1、R_2 串联和并联时，分别求出它们的等效电阻。

4. 在实际工作中，某人手头只有 100Ω 的电阻若干，而他当时需要 200Ω 和 50Ω 的电阻，应该怎么办？

5. 如图 1-54 所示的三个电阻是串联、并联，还是混联？总电阻 R_{AB} 等于多少？

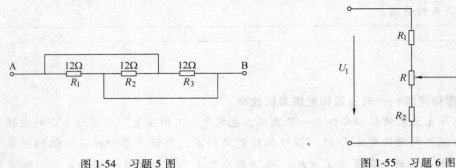

图 1-54　习题 5 图　　　　　　　　　　图 1-55　习题 6 图

6. 在图 1-55 所示电阻分压器中，已知：$U_1 = 12\text{V}$，$R_1 = 350\Omega$，$R = 200\Omega$，$R_2 = 550\Omega$。试求输出电压 U_2 的变化范围。

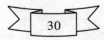

7. 在图 1-56 所示电路中，已知：$U = 15\text{V}$，$R_2 = 10\text{k}\Omega$，若在 C、D 两端获得 5V 的电压，问 R_1 应为多少？

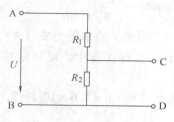

图 1-56　习题 7 图

8. 求图 1-57 所示各电路的等效电阻 R_{AB}。

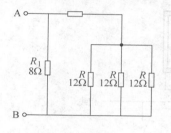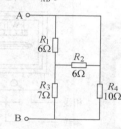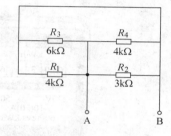

图 1-57　习题 8 图

第六节　电功、电功率

一、电功

（一）电功的定义

电流所做的功叫做电功，用符号 W 表示。做功的过程就是把电能转换成其他形式的能的过程，如图 1-58 所示。

天轨电车，电能转化成动能

电熨斗，电能转化为热能

电风扇，电能转化成动能

电子计算机消耗电能……

电吹风机，电能转化成动能和热能

图 1-58　电能的转换

电流在一段电路上所做的功，与这段电路两端的电压 U、流过的电流 I 和通电时间 t 成正比，用公式表示为

$$W = UIt \tag{1-6}$$

式中，若电压 U 的单位为伏（V），电流 I 的单位为安（A），时间 t 的单位为秒（s），则电功 W 的单位为焦耳，简称焦（J）。实际工作中，电功常用的单位还有 kW·h（千瓦时），俗称"度"。

$$1\ 度 = 1kW \cdot h = 3.6 \times 10^6 J = 3.6MJ$$

（二）电功的测量

测量电功的仪表主要是电能表，俗称电度表。图 1-59 所示是电能表的外观和接线图。

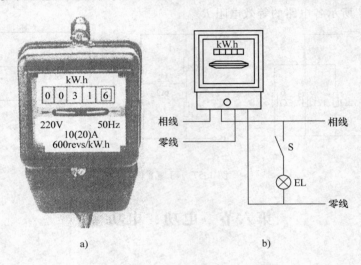

a)   b)

图 1-59　电能表

a) 外观　b) 接线图

 提醒你

> 表盘中"220V"是说电能表应在 220V 的电路中使用；"10（20）A"是指电能表的标定电流为 10A，在短时间应用时电流允许大些，但不能超过 20A；"50Hz"是电能表在 50Hz 的交流电路中使用；"600r/kW·h"是说接在电能表上的用电器，每消耗 1 千瓦时的电能，电能表上的转盘转过 600 转。

（三）技能训练——家用电度表的安装和使用

1. 接线要求

（1）如图 1-59 所示，两个进线端分别接电源的相线和零线。相线和零线的判别可以采用测电笔，如图 1-60 所示。用测电笔正确搭接电源一端，使测电笔氖管发光的即为相线，不能使氖管发光的即为零线。

（2）两个出线端分别接负载，注意要先通过开关再接负载，且使开关位于相线一侧。

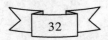

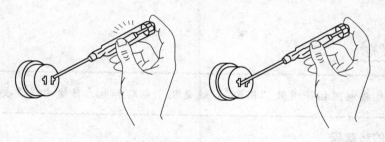

图 1-60 判别相线与零线

2. 安装 安装时应使电度表牢靠地固定在配电装置的左方或下方，且表板的下沿不低于 1.3m。为抄表方便，表盘中心高度一般在 1.5~1.8m 之间。

3. 读数 记数器窗口以数字形式直接显示累计消耗的用电数。如窗口读数"01125"表示该电度表累计记录的电能为 112.5 度。两次记录的差值就是这段时间所消耗的电能。

二、电功率

（一）电功率的定义

电流在单位时间（1s）内所做的功，称为电功率，用符号 P 表示。其公式为

$$P = \frac{W}{t} = UI = I^2 R = \frac{U^2}{R} \tag{1-7}$$

电功率的常用单位是瓦特（W）、千瓦（kW）和毫瓦（mW），它们之间的换算关系为

$$1 kW = 10^3 W \qquad 1 W = 10^3 mW$$

1W=1J/S 哦…

（二）负载的功率

在如图 1-61a 所示电路中，负载电阻 R 获得的功率为

$$P = I^2 R = \left(\frac{E}{R+r}\right)^2 R = \frac{E^2 R}{r^2 + 2rR + R^2} = \frac{E^2 R}{(R-r)^2 + 4rR}$$

当 $R = r$ 时，负载获得的功率最大。最大功率为

$$P_{max} = \frac{E^2}{4r} \tag{1-8}$$

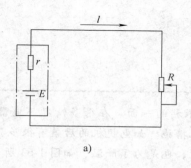

a)

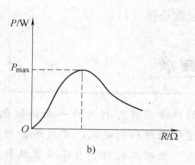

b)

图 1-61 负载获得最大功率的条件

a）电路图 b）曲线图

提醒你

内阻和负载电阻相等叫做"匹配"，这是用于电路和电力传输中很重要的结论。

三、电流的热效应

（一）电流的热效应的定义

电流通过导体时电能转换成热能，这个现象叫做电流的热效应。生活中常见这样的例子，如图 1-62 所示为应用了热效应的部分电器。

电熨斗

小电炉

电饭煲

取暖器

图 1-62　电流的热效应及其应用

电流通过导体产生的热量，与电流强度的平方、导体的电阻和通电时间成正比。这就是焦耳定律。用公式表示为

$$Q = I^2 Rt \tag{1-9}$$

式中，Q 表示热量。当电流的单位为安（A），电阻的单位为欧（Ω），时间的单位为秒（s）时，Q 的单位就是焦（J）。

 提醒你

电流的热效应有可利用的一面，但也有不利的一面。在很多情况下电器的温度过高，会加速绝缘材料的老化、变质等，须采取措施。如电视机的后盖有很多孔，就是为了通风散热；电动机的外壳有很多翼状散热片，也是为了降温，如图 1-63 所示。

（二）电气设备的额定值

保证电气元件和设备长期安全工作所允许的最大电流、最大电压和最大功率分别叫做额定电流、额定电压和额定功率。如灯泡上标的"220V，40W"即是额定值。

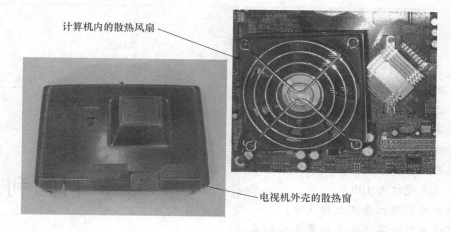

计算机内的散热风扇

电视机外壳的散热窗

图 1-63　电视机和计算机都要注意散热

例 1-8　额定电压 220V，额定功率 100W 的灯泡，现接于 110V 电源上使用，求其灯泡实际功率 P。

超负荷使用会烧坏灯泡哦！

解：　$R = \dfrac{U^2}{P} = \dfrac{220^2}{100}\Omega$

$P = \dfrac{U^2}{P} = \left(\dfrac{110}{220}\right)^2 \times 100\text{W} = 25\text{W}$

提醒你

这时 100W 的灯泡会很暗。若比值变大，功率也大，超负荷使用会烧坏电器。

知识点

1. 用电量：$W = Pt$ 〔J〕

2. 功率：$P = UI = I^2 R = \dfrac{U^2}{R}$ 〔W〕

3. 匹配：电源内阻和负载电阻相等时，获得最大功率。

4. 电流的热效应：电能变成热能。

5. 焦耳定律：$Q = I^2 Rt$ 〔J〕

6. 额定值：用电器所允许的最大电流、最大电压和最大功率。

你知道吗？　1度电的作用

1. 可使 25W 的灯泡连续点亮 40h。

2. 可使普通家用冰箱运行 24h。

3. 可使普通电风扇连续运行 15h。

4. 可使 1P 空调器运行 1.5h。

5. 能将 8kg 的水烧开。

6. 可使电视机开 10h。

7. 能用吸尘器把房间打扫 5 遍。

8. 可以用电炒锅烧两个非常美味的菜。

9. 可使充电电动自行车跑上 80km。

10. 可用电热淋浴器洗一个非常舒服的澡。

如图 1-64 所示。

节约用电

利国利民！

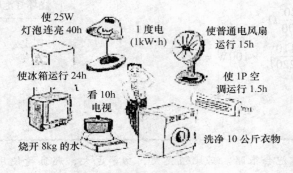

图 1-64　1度电的作用

本节习题

1. 电阻元件所消耗的电能与通过它的电流成_____比关系，与加在其两端的电压成_____比关系，与通电时间成_____比关系。

2. "220V，220W" 的电器接到 110V 的电源上工作时，通过的电流 $I =$ _____ A，电器的电阻 $R =$ _____ Ω。

3. 单相电度表有_____根进线端和_____根出线端，其中进线端接_____，出线端接_____。安装时应使表盘与水平面保持_____，否则会影响测量精度。

4. 有一电度表如图 1-65 所示，月初示数为 $\boxed{02152}$，月底示数为 $\boxed{03251}$。已知电价为 0.52 元/度，则这个月的电费为_____元，电度表转盘转过的转数为_____。

5. 有一 220V，60W 的电灯，接在 220V 的电源上，试求通过电灯的电流和电灯在 200V 电压下工作时的电阻。如果电灯每晚使用 3h，问一个月耗多少电能？

6. 某蓄电池的电动势为 12V，内阻是 1Ω，外接 9Ω 的负载电阻，试求该蓄电池产生的功率、内部损耗的功率和负载取用的功率。

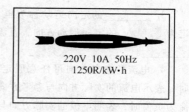

7. 测得某电源的开路电压为 120V，短路电流为 2A。问负载电阻为何值时，才能从该电源获得最大的功率？最大功率是多少？

图 1-65　电表读数图

8. 一个 40kΩ、1W 的电阻，使用时两端允许加多大电压？

9. 一个 100Ω、1/4W 的碳膜电阻，使用时允许通过的最大电流是多少？此电阻能否接在 10V 的电压上作用？

10. 电灯泡上标有"220V，40W"表示什么意义？若将此灯泡接在 110V 的电源上，灯泡获得的实际功率是多少？

11. 标有"220V，100W"的灯泡经一段导线接在 220V 的电源上时，消耗的实际功率为 81W，试求导线上损失的功率。

12. 有一把电阻值为 1210Ω 的电烙铁，接在 220V 的电源上，问使用 2h 能差产生多少热量？

本 章 小 结

1. 电流流过的路径叫电路。电路主要由电源、负载、开关、连接导线等组成。电路的作用是实现电能的传输和转换。

2. 电路有通路、开路、短路三种状态。

3. 电路中的基本物理量有电流、电压、电位、电动势等，它们之间既有区别又有联系。

4. 欧姆定律是电路的基本定律之一，其表达式如下

$$I = \frac{U}{R} \quad （部分电路）$$

$$I = \frac{E}{R + r} \quad （全电路）$$

5. 串联电阻可以起到分压作用，并联电阻可以起到分流作用。

6. 电流所做的功叫电功，电流在单位时间内做的功叫电功率，表达式如下

$$W = UIt$$

$$P = UI = I^2 R = \frac{U^2}{R}$$

7. 为防止电气元件和设备因电流过大发热损坏而允许的最大电流、最大电压、最大功率，分别叫做额定电流、额定电压和额定功率。

本 章 测 验 题

一、填空题

1. 加在一个固定电阻器两端的电压减小为原来的 1/2 时，它的功率将减小为原来的_____。

2. 电路如图 1-66 所示，a 图电压值为 $U_1 =$_____，b 图电流值为 I_1_____。

3. _____的定向运动称为电流。电流的实际方向规定为_____的定向运动方向，直流电流 I 可用公式表示为_____。

4. 电流的参考方向可任意假定，当解出的电流为正值时，表示电流的实际方向与参考方向_____，当解出的电流为负值时，表明电流的实际方向与参考方向_____。

5. 测量电流时，电流表必须_____联在待测电路中，对直流电流表还要保证使电流从表的_____端流入，_____端流出。

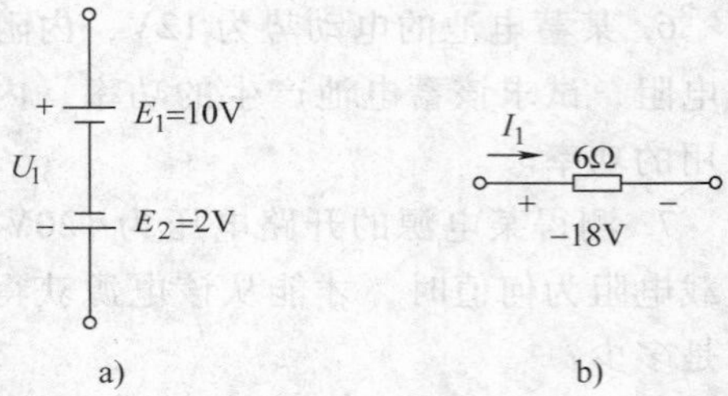

6. 电压的实际方向规定为由_____电位指向_____电位。

7. 测量电压时，应将电压表_____联在待测电路两端，对直流电压表，还要使_____接线柱接高电位端，_____接线柱接低电位端。

8. 常用的电阻器可分为_____电阻器，_____电阻器和_____电阻器三大类。

9. 电路的三种状态有_____、_____和_____。

10. 电阻的连接通常有_____、_____和混联。

11. _____电阻可以起到分压作用；_____电阻可以起到分流作用。

图 1-66 填空题第 2 题图

12. 色环电阻的判别

(1) 白棕金金   阻值_____   偏差_____

(2) 黄紫橙银   阻值_____   偏差_____

(3) 蓝灰红金   阻值_____   偏差_____

(4) 橙黑棕银   阻值_____   偏差_____

二、判断题（正确的打"√"，错误的打"×"）

1. 电压也称为两点之间的电位之差。   （   ）

2. 电压值的大小与参考消息点的选择有关   （   ）

3. 只有负电荷的定向运动才能形成电流 　　　　　　　　　　　　　　　　（　　）

4. 电路的主要元件有电源、负载、开关和连接导线 　　　　　　　　　　（　　）

5. 电路有通路、开路和短路三种状态 　　　　　　　　　　　　　　　　（　　）

6. 电压的实际方向由低电位指向高电位 　　　　　　　　　　　　　　　（　　）

7. 导体的电阻总是固定不变的。 　　　　　　　　　　　　　　　　　　（　　）

8. 可变电阻器的阻值在一定范围之内是可以改变的 　　　　　　　　　　（　　）

9. 电路在开路时，电源内阻上的压降为零 　　　　　　　　　　　　　　（　　）

三、计算题

1. 一个 $40k\Omega$，$1W$ 的电阻，使用时两端允许加多大电压？

2. 求图 1-67 所示电路中的未知量

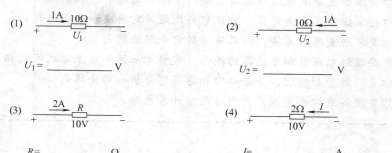

(1) $U_1 = $ _____ V

(2) $U_2 = $ _____ V

(3) $R = $ _____ Ω

(4) $I = $ _____ A

图 1-67　计算题第 2 题图

3. 图 1-68 所示电路，已知 $E = 10V$，$r = 2\Omega$，$R = 18\Omega$，求开关 S 分别打在 1、2、3 位置时，电压表和电流表的读数。

4. 图 1-69 示电路，已知 $E = 100V$，$r = 10\Omega$，$R = 90\Omega$，求（1）电路中电流，（2）电源端电压；（3）负载上的电压降；（4）内压降；（5）负载电阻上的电功率。

5. 在图 1-70 所示电路中，已知：$U = 15V$，$R_1 = 300k\Omega$，$R_2 = 10k\Omega$，求 R_1、R_2 两端的电压。

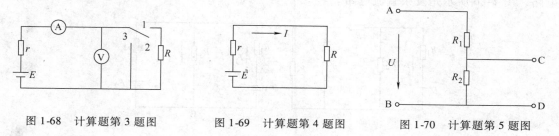

图 1-68　计算题第 3 题图　　　图 1-69　计算题第 4 题图　　　图 1-70　计算题第 5 题图

第二章　复杂的直流电路

你将学到什么知识呢？

◇ 你要理解复杂直流电路及其支路、节点、回路和网孔的概念。

◇ 你要掌握基尔霍夫定律，验证它并能运用它解决和分析问题。

◇ 你要掌握支路电流法，能正确运用它来解决问题。

◇ 你要理解电压源和电流源的概念，掌握电压源和电流源之间的相互转换。

◇ 你要理解叠加原理，并验证它和运用它分析和解决问题。

◇ 你要理解戴维南定理，并能运用它计算电路。

第一节　基尔霍夫定律

一、复杂的直流电路

（一）复杂电路

不能用电阻的串、并联简化的直流电路称为复杂直流电路。如图 2-1a 所示是简单直流电路，图 2-1b 所示是复杂直流电路。

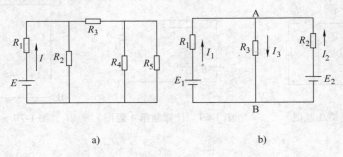

图 2-1　电路

a）简单直流电路　b）复杂直流电路

图 2-1b 所示是两组电源并联对负载供电的电路，$E_1 \neq E_2$，R_1、R_2 分别是两个电源的内电阻。不能用电阻串、并联的方法简化，所以是复杂电路。

（二）电路中常用术语介绍

1. 支路 由一个或几个元件依次相连构成的无分支电路。如图 2-1b 所示电路中有三条支路：R_1、E_1 支路；R_2、E_2 支路；R_3 支路。

2. 节点 三条及三条以上支路的连接点称为节点。如图 2-1b 所示电路中，共有 A、B 两个节点。

3. 回路 电路中任一闭合路径称为回路。如图 2-1b 所示的电路中，有三个回路：$A - R_1 - E_1 - B - R_3 - A$ 回路；$A - R_2 - E_2 - B - R_3 - A$ 回路；$A - R_2 - E_2 - B - E_1 - R_1 - A$ 回路。

4. 网孔 回路内部不含支路的回路。如图 2-1b 所示电路中有两个网孔：$A - R_1 - E_1 - B - R_3 - A$ 网孔；$A - R_2 - E_2 - B - R_3 - A$ 网孔。

流过同一支路所有元件的电流都相等哦！

提醒你

网孔一定是回路，回路不一定是网孔。如图 2-1b 所示中回路 $A - R_1 - E_1 - B - E_2 - R_2 - A$，它包含了 R_3 支路，所以它就不是网孔。

二、基尔霍夫定律

复杂电路的分析和计算，主要依据欧姆定律和基尔霍夫定律。基尔霍夫定律包括基尔霍夫电流定律（简写为 KCL）和基尔霍夫电压定律（简写为 KVL）。

（一）基尔霍夫电流定律

基尔霍夫电流定律的内容为：在任意时刻，流入电路中某一节点的电流之和恒等于流出这个节点的电流之和。其数学表达式为

$$\sum I_入 = \sum I_出$$

$$\tag{2-1}$$

如图 2-2 所示节点 a，支路电流 I_1、I_4 流入节点，支路电流 I_2、I_3、I_5 流出节点，由式（2-1）可得

$$I_1 + I_4 = I_2 + I_3 + I_5$$

或

$$I_1 + I_4 - I_2 - I_3 - I_5 = 0$$

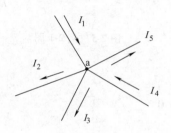

图 2-2 节点

收入 = 支出

图 2-3 收支平衡图

可表示为

$$\sum I = 0 \qquad (2\text{-}2)$$

即：在任意时刻，任何一个节点上电流的代数和恒等于零。

现实生活中的收支平衡图如同图 2-3 所示。

 提醒你

> 使用 KCL 的数学式 $\sum I = 0$ 时，各条支路的电流方向必须预先假定。如果规定流入该节点的支路电流取正号，那么流出该节点的支路电流就取负号。

KCL 不仅适用于节点，也可以推广到包围部分电路的任一假设的封闭面。

例如，图 2-4a 所示为某电路中的一部分，选择封闭面如图中虚线所示，则有

$$-I_1 + I_2 - I_3 + I_5 - I_6 - I_7 = 0$$

图 2-4b 所示的晶体管电路中，I_B、I_C、I_E 三个电流满足关系式：

$$I_B + I_C - I_E = 0$$

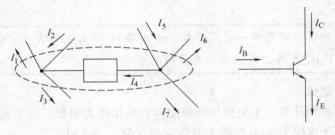

a)   b)

图 2-4 电路中的封闭面

例 2-1 在图 2-5 所示的电路中，已知 $I_1 = 4A$，$I_2 = 0.5A$，$I_3 = 3A$，$I_6 = 2A$，求 I_4、I_5

解：对节点 a，应用 KCL，可得

$$-I_1 + I_2 + I_3 - I_4 = 0$$

代入数据为

$$-4A + 0.5A + 3A - I_4 = 0$$

可得 $\qquad I_4 = -0.5A$

方向与参考方向相反。

对节点 b，由 KCL，可得

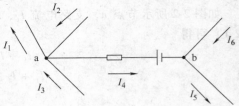

图 2-5 例 2-1 图

$$I_4 - I_5 + I_6 = 0$$

代入数据为

$$-0.5A - I_5 + 2A = 0$$

可得 $\qquad I_5 = 1.5A$

方向与参考方向一致。

（二）基尔霍夫电压定律

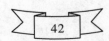

基尔霍夫电压定律的内容是：在任意时刻，沿任意一个回路绕行一周，回路中各段电压的代数和恒等于零。其数学式为

$$\sum U = 0 \tag{2-3}$$

如图 2-6 所示的电路，假定绕行方向如图所示。沿回路 $A - R_2 - E_2 - B - E_1 - R_1 - A$ 绕行一周，根据式（2-3），可得到

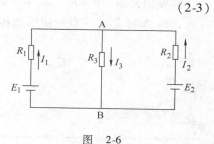

图 2-6

$$E_2 + R_1 I_1 - R_2 I_2 - E_1 = 0$$

改写为

$$I_1 R_1 - I_2 R_2 = E_1 - E_2$$

即

$$\sum RI = \sum E \tag{2-4}$$

所以，基尔霍夫电压定律又可表述为沿着任意一个回路绕行一周，各电阻上电压降的代数和等于所有电动势的代数和。

 提醒你

"正、负"号的确定：
（1）当流过电阻 R 的电流方向与回路绕行方向一致时取" $+ IR$"；反之取" $- IR$"；
（2）若电动势的方向（由负极指向正极）与回路绕行方向一致时，取" $+ E$"，反之取" $- E$"。

基尔霍夫电压定律不仅适用于由电源和电阻等实际元件组成的回路，也可以推广应用到不闭合的回路中。

例 2-2 如图 2-7 所示的电路中，若 $R_1 = 8\Omega$，$R_2 = 4\Omega$，$R_3 = 6\Omega$，$R_4 = 3\Omega$，$E_1 = 12\text{V}$，$E_2 = 9\text{V}$，求 A 与 B 两点间的电压 U_{AB}。

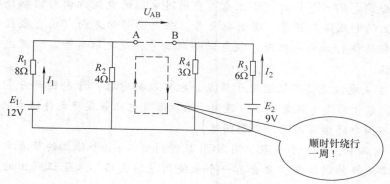

图 2-7 例 2-2 图

解： 由欧姆定律，可得

$$I_1 = \frac{E_1}{R_1 + R_2} = \frac{12}{8 + 4}\text{A} = 1\text{A}$$

$$I_2 = \frac{E_2}{R_3 + R_4} = \frac{9}{6+3}A = 1A$$

假设回路 $A - B - R_4 - R_2 - A$ 的绕行方向如图 2-7 所示，A、B 之间切断，没有实际元件存在，但 A 与 B 之间有一定的电压 U_{AB} 存在。由 KVL，可得

$$U_{AB} + I_2R_4 - I_1R_2 = 0$$

则有
$$U_{AB} = I_1R_2 - I_2R_4 = (1 \times 4 - 1 \times 3)V = 1V$$

 提醒你

$U_{AB} > 0$，说明 A 点电位高于 B 点电位。

 知识点

1. 复杂直流电路的概念和支路、节点、回路与网孔的概念。

2. 基尔霍夫定律的内容

它包括两个定律，其中一个是基尔霍夫电流定律，也叫基尔霍夫第一定律，简写为 KCL；另一个是基尔霍夫电压定律，也叫基尔霍夫第二定律，简写为 KVL。

(1) 基尔霍夫电流定律（KCL），有两种表达方式。

在应用 $\sum I = 0$ 时，要注意：如果规定流入该节点的支路电流取正号，则流出该节点的支路电流就取负号。

(2) 基尔霍夫电压定律（KVL），有两种表达形式。

在应用公式 $\sum U = 0$ 时，要注意：如果规定电位降取正号，则电位升就取负号。

在应用公式 $\sum RI = \sum E$ 时，要注意：当通过电阻的电流方向与回路绕行方向一致时，该电阻上的电压降取正号，否则取负号；若电动势的方向（由负极经电源内部指向正极）与回路绕行方向一致时，该电动势取正号，反之取负号。常用这个公式来列回路电压方程。

3. 基尔霍夫电流定律不仅适用于节点，也可以把它推广于包围部分电路的任一假设的封闭面。基尔霍夫电压定律不仅适用于由电源及电阻等实际元件组成的回路，也可推广应用于不闭合的虚拟回路（假想回路）。

4. 一个电路中，有 n 个节点，用 KCL 只能列出 $n-1$ 个独立的节点方程。用 KVL 列方程时，要选择的回路至少要含有一个未使用过的支路，来保证列出的方程是独立的。

你知道吗？ 基尔霍夫

基尔霍夫见图 2-8（1824—1887）是德国物理学家。1845 年发表了现称为基尔霍夫定律的研究成果，当时他是一位年仅 21 岁的大学生。后任海德堡大学物理学教授。他还参与创立光谱化学分析法，发现铯和铷两种元素（1859 年）。另外，他还提出了热辐射中的基尔霍夫辐射定律。

基尔霍夫 .G.R

图 2-8

本节习题

1. 节点是指_____或_____以上支路的连接点。

2. _____称为支路；电路中任一个闭合路径称为一个_____。

3. 基尔霍夫电流定律简称为_____，其数学表达式为_____或_____。

4. 基尔霍夫电压定律简称为_____，其数学表达式为_____或_____。

5. 用基尔霍夫定律求解电路时，必须预先假定各支路的_____方向和回路的_____方向。

6. 判断题（正确的画"✓"，错误的画"×"）

（1）同一支路中流过所有元件的电流都相等。（　　）

（2）用支路电流法求解电路时，若有 n 个节点，必能列出 n 个独立节点电流方程。（　　）

（3）在复杂电路中，有 m 个回路就可列出 m 个独立的回路电压方程。（　　）

（4）在任一回路中，电压降的代数和恒等于零。（　　）

7. 如图 2-9 所示电路中，已知 $I_1 = 11\text{mA}$，$I_4 = 12\text{mA}$，$I_5 = 6\text{mA}$。求 I_2，I_3 和 I_6。

8. 如图 2-10 所示的电路中，已知电压 $U_1 = U_2 = U_4 = 5\text{V}$，求 U_3 和 U_{CA}。

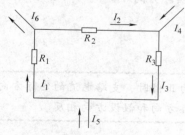

图 2-9 习题 7 图

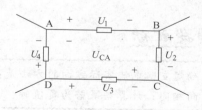

图 2-10 习题 8 图

第二节 支路电流法

一、支路电流法的定义及其解题步骤

（一）支路电流法的定义

以支路电流为未知量，应用基尔霍夫定律，列出与支路电流数量相等的独立方程式，然后联立求解各支路电流的方法叫支路电流法。

提醒你

> 支路电流法不仅能求支路电流，还可以在得出支路电流的基础上，计算电路中的电压和功率等物理量。

（二）用支路电流法解题的步骤

对于一个具有 b 条支路、n 个节点的电路，支路电流法的一般步骤如下：

1. 任意假定各支路电流的参考方向和回路的绕行方向。

电流方向、回路的绕行方向都可以任意选择哦！

提醒你

> 一般地，对于有两个或两个以上电动势的回路，选择的绕行方向通常与数值较大的电动势的方向一致，以便于计算。

2. 列出节点电流方程式 n 个节点最多可列出 $n-1$ 个独立的节点电流方程式。

3. 列出回路电压方程式 有几条支路，就列出几个方程式。所以只需列 $b-(n-1)$ 个独立回路电压方程式。为了保证方程的独立性，每一个回路电压方程式至少要含有一条未用过的支路。

4. 代入数据，求解出各支路电流，并确定电流的实际方向。

提醒你

> 确定支路电流实际方向的方法是：计算结果若为正值时，支路电流的实际方向和假设方向相同；计算结果若为负值时，支路电流的实际方向和假设方向相反。

二、应用支路电流法解题

例 2-3 如图 2-11 所示为汽车照明电路的原理图（省略开关和保护设备），其中汽车发电机和蓄电池并联以保证汽车在缓慢行驶时能不间断地对照明灯供电。当汽车在某一转速

时，汽车发电机发出的电动势 $E_1 = 14V$，其内阻 $R_1 = 0.5\Omega$，蓄电池电动势 $E_2 = 12V$，其内阻 $R_2 = 0.2\Omega$，照明灯电阻 $R_3 = 4\Omega$，求各支路电流和加在照明灯上的电压。

解：（1）假设各支路电流的参考方向及回路的绕行方向如图 2-11 所示。电路中有 3 条支路，两个节点，一共需要列出 3 个独立的方程式。

（2）列出节点电流方程：对节点 A，可得出

$$I_1 + I_2 = I_3$$

（3）列出回路电压方程：对回路 1，可得出

$$R_1 I_1 + R_3 I_3 = E_1$$

对回路 2：

$$R_2 I_2 + R_3 I_3 = E_2$$

（4）代入数据，可得

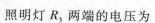

$$\begin{cases} I_1 + I_2 = I_3 \\ 0.5I_1 + 4I_3 = 14 \\ 0.2I_2 + 4I_3 = 12 \end{cases}$$

解此联立方程组，可得

$$\begin{cases} I_1 = 3.72A \\ I_2 = -0.69A \\ I_3 = 3.03A \end{cases}$$

图 2-11 例 2-3 图

照明灯 R_3 两端的电压为

$$U_3 = I_3 R_3 = 3.03A \times 4\Omega = 12.12V$$

I_2 是负值，表明 I_2 的实际方向与所标出的参考方向相反，即蓄电池 E_2 此时不是对照明灯 R_3 供电，而是汽车发电机 E_1 对蓄电池 E_2 进行充电。

 提醒你

从本例中，还可得出一个结论：当两组电源并联向负载供电时，这两组电源的电动势应相等或接近相等。否则，电动势低的一组电源可能不仅起不到电源作用，相反却变成了消耗电能的负载。

*例 2-4 图 2-12 所示电路为直流电桥电路，AB 支路为电源支路，CD 支路为桥路，AD、DB、BC 和 CA 称为电桥的臂，试用支路电流法求电流 I_g，并讨论电桥平衡条件。

解：设各支路电流参考方向和回路的绕行方向如图 2-12 所示。该电路有 6 条支路、4 个节点，以支路电流为未知量，应建立 3 个独立的节点电流方程，3 个独立的回路电压方程。根据 KCL、KVL 列出以下方程组：

节点 A：$I - I_1 - I_2 = 0$

节点 C：$I_1 - I_g - I_3 = 0$

对于节点 D：$I_2 + I_g - I_4 = 0$

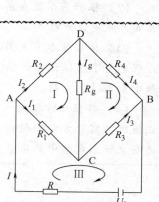
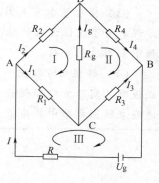

图 2-12 例 2-5 图

回路 I　　$-R_1I_1 + R_2I_2 - R_gI_g = 0$

回路 II　　$-R_3I_3 + R_4I_4 + R_gI_g = 0$

回路 III　　$R_1I_1 + R_3I_3 + RI = U_g$

解上面的方程组，得到

$$I_g = \frac{\left(R_3 - \dfrac{R_1R_4}{R_2}\right)U_g}{\left(R_1 + R_3 + R + \dfrac{R_1R_4}{R_2}\right)\left(R_g + R_3 + R_4 + \dfrac{R_4R_g}{R_2}\right) + \left(\dfrac{RR_g}{R_2} - R_3\right)\left(R_3 - \dfrac{R_1R_4}{R_2}\right)}$$

当 $I_g = 0$ 时，即桥路上电流为零（或桥路
两端电压 $u_{CD} = 0$）时称该电桥达到平衡。由
I_g 的表示式可知分母不为零，因而仅当

> 我找到一个记忆电桥平
> 衡条件的方法啦！四边
> 形两组对边所含电阻乘
> 积相等！

$$R_2R_3 = R_1R_4$$

或

$$\frac{R_1}{R_2} = \frac{R_3}{R_4}$$

时 $I_g = 0$，这就是直流电桥平衡的条件。

如果把电桥的 4 个臂看成四边形的 4 条边，那么，桥支路是一条对角线，含有电源的支
路就是另一条对角线。

知识点

1. 支路电流法　以支路电流为未知量，应用基尔霍夫定律，列出与支路电流数量
相等的独立方程式，再联立求出各支路电流的方法。

2. 用支路电流法解题的步骤

对于一个具有 b 个节点、n 条支路的电路，支路电流法的一般步骤如下：

（1）任意选定各支路电流的参考方向和回路的绕行方向。对于有两个电动势以上
的回路，通常取电动势大的方向为回路绕行方向。

（2）根据基尔霍夫第一定律列出独立的节点电流方程。n 个节点只能列 $n-1$ 个独
立的节点电流方程式。

（3）根据基尔霍夫第二定律列出回路方程式。列出 $b - (n-1)$ 个独立的回路电压
方程。为了保证方程的独立性，每一个回路电压方程式要含有一条在已列的回路电压方
程中未用过的支路。

（4）解联立方程组，从而求解出各支路电流，并确定电流实际方向（计算结果为
正值时，实际方向和假设方向相同；计算结果为负值时，实际方向和假设方向相反），
进而求解出电路中其他未知量。最后验证结果。

你知道吗？　汽车小知识

　　当汽车行驶时，车上的发电机一方面对负载（照明、电扇等）供电，另一方面对蓄电池进行充电。当汽车停止运行时，发电机停止工作，由蓄电池对负载供电。摩托车、电传动机车、拖拉机等车辆上的蓄电池的工作情况都是如此。

 本节习题

　　1. 一个有 n 个节点、b 条支路（$n > b$）的直流电路，用支路电流法求解时，最多可列出＿＿＿＿个独立的节点电流方程，最多可列出＿＿＿＿个独立的回路电压方程。

　　2. 如图 2-13 所示的电路中，有＿＿＿＿个节点，＿＿＿＿条支路，则最多可列出＿＿＿个独立的节点电流方程，共有＿＿＿个回路，最多可列出＿＿＿＿个独立的回路电压方程。

　　3. 在列回路电压方程式时，确定电动势和电压降正负号的方法是：当电动势的方向与回路绕行方向＿＿＿＿时，取正；电阻上电流方向与回路绕行方向＿＿＿＿时，电压降取正。

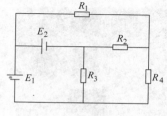

图 2-13　习题 2 图

　　4. 直流电桥的平衡条件是＿＿＿＿＿＿＿＿＿＿＿＿＿＿＿＿。

　　5. 电路如图 2-14 所示，已知 $E_1 = 40V$，$R_1 = 10\Omega$，$E_2 = 30V$，$R_2 = 5\Omega$，$E_3 = 35V$，$R_3 = 15\Omega$，用支路电流法求各支路电流的大小和方向。

　　6. 电路如图 2-15 所示的电路中，已知电源电动势 $E_2 = 40V$，电源内阻不计，电阻 $R_1 = 4\Omega$，$R_2 = 10\Omega$，$R_3 = 40\Omega$。

　　（1）如果 $E_1 = 20V$，用支路电流法求各支路电流的大小和方向。

　　（2）若使 $I_1 = 0A$ 时，E_1 应为多少伏？

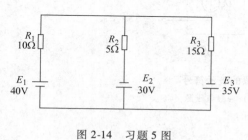

图 2-14　习题 5 图

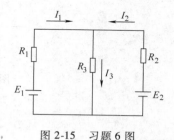

图 2-15　习题 6 图

第三节　电压源与电流源的等效变换

一、电压源

（一）电压源的定义

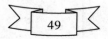

用一个恒定电动势 E 和一个内电阻 r 串联表示电源，称为电压源。

例如，图 2-16 所示为常用的直流电源，都含有电动势 E 和内电阻 r，都可以用电压源来表示。

干电池 　　　　　　　　　　　　　　　　　　　直流发电机

手机电池 　　　　　　　实验室电源 　　　　　　蓄电池

图 2-16　常用的直流电源

电压源的符号如图 2-17 所示。其中，2-17a 表示直流电源，图 2-17b 是电压源的一般表示符号。

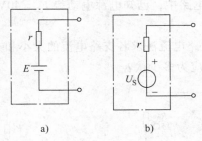

a)　　　　　　　　　b)

图 2-17　电压源的表示符号
a）直流电源　b）一般电压源

 提醒你

电压源是以输送电压的形式向负载供电的。如图 2-18 所示，$U_{AB} = E - Ir$。由于 r 的存在，输出电压 U_{AB} 总是小于电源电动势 E。其外特性曲线如图 2-19 所示。

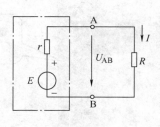

图 2-18　电压源的输出

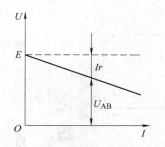

图 2-19　电压源的外特性曲线

（二）理想电压源

内阻为零的电压源称为理想电压源，又称恒压源。

理想电压源的符号如图 2-20 所示，其伏安特性如图 2-21 所示。

恒压源输出电压与通过它的电流无关哦！

图 2-20　理想电压源的符号　　图 2-21　理想电压源的伏安特性

提醒你

（1）理想电压源实际上并不存在，但如果电源内阻 r 远小于负载电阻 R，即 $r \ll R$，则 $U \approx E$，可近似认为是理想电压源，如图 2-21 所示。

（2）理想电压源不允许短路，否则电源的输出电流将无穷大。

提醒你

常用的直流电子稳压电源就可近似看作恒压源。图 2-22 所示是两种电子稳压电源的图片。

（三）电压源的串联

多个电压源串联使用时，等效电压源的电动势等于各个电压源电动势的代数和，即，

E_i 表示电动势，它有正负哦！

$$E = \sum E_i$$

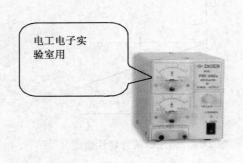

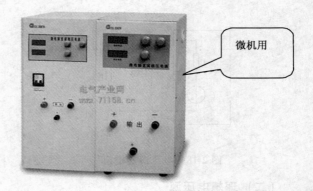

微机用

电工电子实
验室用

图 2-22　电子稳压电源

等效电压源的内阻等于各个电压源的内阻之和。即

$$r = r_1 + r_2 + \cdots + r_n$$

 提醒你

　　任意一个电压源的电动势的方向与等效电动势 E 的参考方向相同则取正，反之取负。如图 2-23 中，$E = E_1 - E_2 + E_3$。

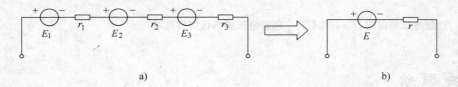

a)　　　　　　　　　　　　　　　　　　　　　　b)

图 2-23　电压源的串联

a）三个电压源串联　b）等效电压源

二、电流源

（一）电流源的定义

用一个恒定电流 I_S 和一个电阻 r' 并联表示电源，称为电流源。

电流源的符号如图 2-24a 所示。

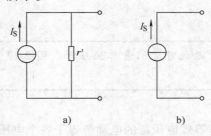

a)　　　　　　　　b)

图 2-24　电流源和恒流源的符号

a）电流源　b）恒流源符号

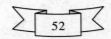

提醒你

电流源是以输送电流的形式向负载供电。如图 2-25 所示，$I = I_S - \dfrac{U}{r'}$。由于内阻 r 的存在，输出电流 I 总是小于恒定电流 I_S，其外特性曲线如图 2-26 所示。当外电路开路时，$I = 0$，$U = I_S r$；当外电路短路时，$U = 0$，$I = I_S$。

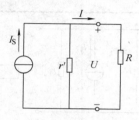

图 2-25 电流源的输出

（二）理想电流源

内电阻 r 为无穷大的电流源称为理想电流源，又称恒流源。其符号如图 2-24b 所示。理想电流源的伏安特性曲线是一条与纵轴平行的直线，如图 2-26 所示。

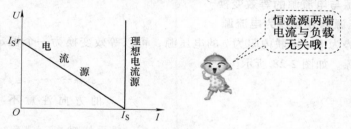

图 2-26 电流源和理想电流源的外特性曲线

恒流源两端电流与负载无关哦！

提醒你

恒流源仅是理想中的电源，实际上并不存在。如果电源内阻 r 远大于负载电阻 R，即 $r \gg R$，则 $I \approx I_S$，可近似认为是恒流源。理想电流源不允许开路，否则，其端电压将无穷大。

（三）电流源的并联

多个电流源并联使用时，等效电流源的恒定电流等于各个电流源恒定电流的代数和，即

$$I_S = \sum I_{S_i}$$

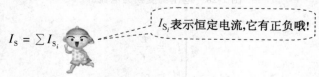

I_{S_i} 表示恒定电流,它有正负哦!

等效电流源内阻的倒数等于各并联电流源内阻的倒数之和。即

$$\frac{1}{r'} = \frac{1}{r_1'} + \frac{1}{r_2'} + \cdots + \frac{1}{r_n'}$$

提醒你

一个电流源的恒定电流方向与等效电流源的恒定电流方向相同时取正，反之取负。如图 2-27 所示，$I_S = I_{S1} - I_{S2} + I_{S3}$。

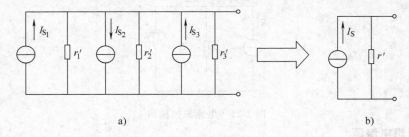

a)   b)

图 2-27　电流源的并联

a）三个电流源并联　b）等效电流源

三、电压源与电流源的等效变换

（一）电压源等效变换为电流源

一个电动势为 E、串联内阻为 r 的电压源，可以等效变换为一个恒定电流为 I_S、并联内阻为 r' 的电流源。如图 2-28 所示。

I_S 的方向注意不要弄错哦！

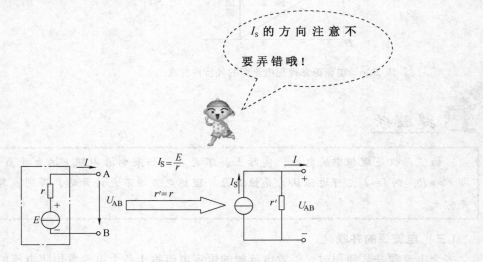

图 2-28　电压源变换为电流源

变换公式为

$$\begin{cases} I_S = \dfrac{E}{r} \\ r' = r \end{cases} \tag{2-5}$$

能够实现等效变换的电压源和电流源，其外特性是相同的。图2-28中，当实际电源用电压源表示时，$U_{AB} = E - Ir \rightarrow \dfrac{E}{r} = \dfrac{U_{AB}}{r} + I$

　　当实际电源表示为电流源时，$I_S = \dfrac{U_{AB}}{r'} + I$

　　由上面两式，即可推导出变换公式（2-5）。

（二）　电流源等效变换为电压源

　　一个恒定电流为 I_S，并联内阻为 r' 的电流源可以等效变换为一个电动势为 E、串联内阻为 r 的电压源。如图2-29所示。

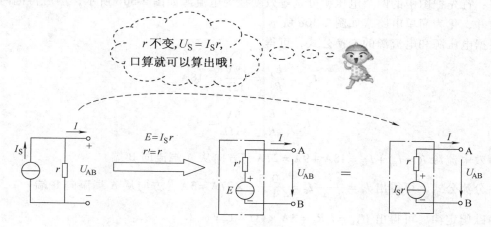

　　　　　　　　r 不变，$U_S = I_S r$，
　　　　　　口算就可以算出哦！

图2-29　电流源等效变换为电压源

变换公式为

$$\begin{cases} E = I_S r \\ r' = r \end{cases}$$

　　1. 电压源和电流源的等效变换只能对外电路等效，对内电路则不等效。

　　2. 等效变换时，恒定电流的方向应与电动势的方向一致，即电流源输出电流的一端应与电压源的正极相对应。

　　3. 恒压源和恒流源之间不能进行等效变换。因为 $r=0$ 的电压源变换为电流源时，I_S 将变为无穷大；同样把 r 为无穷大的电流源变换为电压源时，E 将变为无穷大，这些都是不可能的。

例 2-5 如图 2-30a 所示，已知 $E_1 = 18\text{V}$，$E_2 = 9\text{V}$，$R_1 = R_2 = 1\Omega$，$R_3 = 4\Omega$，用电源等效变换的方法，计算 R_3 支路的电流及两端电压。

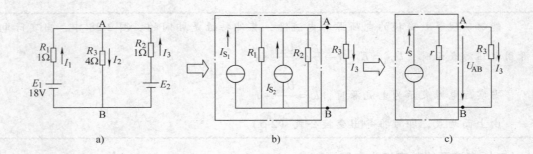

图 2-30　例 2-5 图

解：首先把图中的两个电压源分别等效变换为电流源如图 2-30b 所示，然后再把两个电流源合并，化为简单电路，如图 2-30c 所示。

根据电压源和电流源的变换公式，可得

$$I_{S_1} = \frac{E_1}{R_1} = \frac{18\text{V}}{1\Omega} = 18\text{A}$$

$$I_{S_2} = \frac{E_2}{R_2} = \frac{9\text{V}}{1\Omega} = 9\text{A}$$

等效电流源 $I_S = I_{S_1} + I_{S_2} = 18\text{A} + 9\text{A} = 27\text{A}$（方向从 A 端流向 B 端）

由分流公式，可得出 $I_3 = \frac{r}{R_3 + r} I_S = \frac{0.5}{4 + 0.5} \times 27\text{A} = 3\text{A}$（方向从 A 端流向 B 端）

由欧姆定律，可得出 $U_{AB} = I_3 R_3 = 3\text{A} \times 4\Omega = 12\text{V}$

知识点

　　1. 电压源　用数值等于 E 的电动势和一个内阻 r 相串联的电路模型来代替实际的电源，称为电压源等效电路，简称电压源。

　　2. 电流源　实际电源用一个恒定电流 I_S 和并联内阻 r 的电路模型来代替，这种电路模型称为电流源等效电路，简称电流源。

　　3. 电压源和电流源之间可以进行等效变换，但是，电压源和电流源的等效变换只能对外电路等效，对内电路则不等效。恒压源和恒流源之间不能进行等效变换。

你知道吗？ 等效方法和理想化方法

等效方法和理想化方法，是科学研究中常用的思维方法之一。等效方法是一种迅速解决物理问题的有效手段。

等效方法，是"在保证某些特定方面效果相同的前提下，用理想的、熟悉的、简单的事物代替实际的、陌生的、复杂的事物进行研究的方法"。等效方法，是一种在科学研究中的实际"操作"方法，这种操作贯穿在所有的研究过程中，它的核心是"保持某些特定方面效果相同"。要注意等效的仅是某些属性或某些方面，而并非是事物之间的等效。如"实际电源的等效电路"，它是指在整个电路中的外特性与原电源电路相同。

理想化方法，是"运用理想模型在思维中排除次要因素的干扰，从而在理想状态下进行计算和推论的方法"。恒压源和恒流源是实际电源在一定条件的理想化，是实际电源在一定条件下的近似，使用它可以简化问题。

本节习题

1. 用电压源等效替换实际电源后，虽然改变了内电路的表示方式，但＿＿＿＿＿＿并没有变化。

2. 一个实际电源可以用＿＿＿＿＿或＿＿＿＿＿的形式来表示，两者之间可以等效互换。

3. 电压源与电流源进行等效变换时，对＿＿＿＿＿等效，对＿＿＿＿＿不等效。

4. 将图2-31所示电路等效为电流源时，其电流源电流 I_S = ＿＿＿＿＿，内阻 r = ＿＿＿＿＿。

5. 将图2-32所示电路等效为电流源时，其电流源电流 I_S = ＿＿＿＿＿，内阻 r = ＿＿＿＿＿。

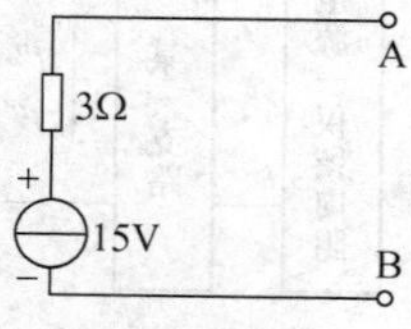

图 2-31　习题4图

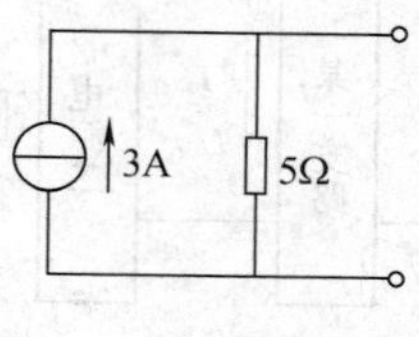

图 2-32　习题5图

6. 理想电流源在某一时刻可以给电路提供恒定不变的电流，电流的大小与端电压无关，端电压由＿＿＿＿＿来决定。

7. 判断题（正确的画"√"，错误的画"×"）

（1）理想电流源的外接电阻越大，则它的端电压越低。　　　　（　　）

（2）理想电压源与理想电流源也能等效变换。　　　　（　　）

（3）电流源与电压源等效互换后，其电源内部电路消耗功率仍然相等。 （　　）

（4）对于实际电压源，只要内电阻比较小，就可以把它近似看作恒压源。 （　　）

（5）将图 2-33 所示电路化简为等效电流源后，$I_s = 3A$，$r = 2\Omega$。 （　　）

8. 如图 2-34 所示的电路，计算电流 I。

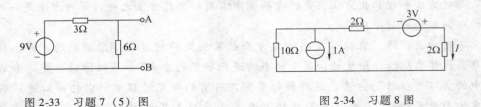

图 2-33　习题 7（5）图　　　　　　　　　　　图 2-34　习题 8 图

第四节　叠 加 原 理

一、叠加原理

由线性元件所组成的电路，称为线性电路。叠加原理是线性电路的一个重要原理，在分析线性电路时，经常要用到叠加原理。应用这一原理，可以使线性电路的分析变得更简便。

叠加原理的内容是：在线性电路中，当有多个电源共同作用时，任意一个支路中的电流或电压，可看成是由各个电源单独作用时，在该支路中所产生的电流或电压的代数和。如图 2-35 所示。

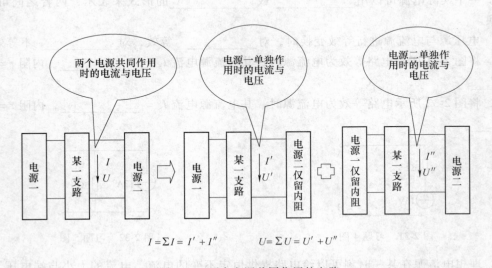

$$I = \Sigma I = I' + I'' \qquad U = \Sigma U = U' + U''$$

图 2-35　两个电源共同作用的电路

所谓电路中只有一个电源单独作用，就是假设将其余电源均除去（假设理想电压源短接，即电动势为零；理想电流源开路，即电流为零），但是它们的内阻（如果给出的话）仍应计算在内，如图 2-36 所示。

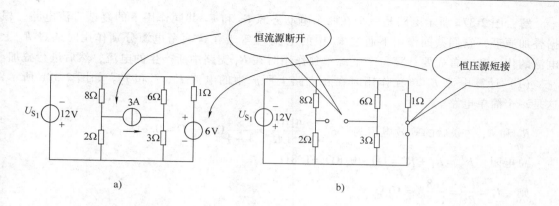

图 2-36　电源 U_{S_1} 单独作用时对其他电源的处理

 提醒你

叠加原理仅适用于线性电路中的电流和电压的计算，不适用于功率的计算。

二、应用叠加原理解题

例 2-6　如图 2-37a 所示电路，试用叠加原理计算各支路电流。

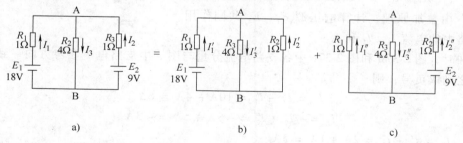

图 2-37　例 2-6 图

a）E_1、E_2 共同作用　b）E_1 单独作用　c）E_2 单独作用

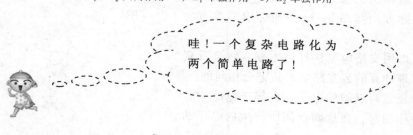

解：图 2-37a 所示电路是一个在两个电动势源 E_1 和 E_2 共同作用下的复杂直流电路，根据叠加原理，它们共同作用下通过 R_3 中的电流 I_3 等于在这两个电源分别作用时通过 R_3 上电流的代数和。首先要计算每个电源单独作用时在 R_3 支路中所产生的电流，然后进行叠加。

（1）计算电源 E_1 单独作用时在各支路上所产生的电流 I_1'、I_2' 和 I_3'。如图 2-37b 所示，这是一个简单电路。

R_2 和 R_3 并联后的等效电阻为 $\quad R' = \dfrac{R_2 R_3}{R_2 + R_3} = \dfrac{1 \times 4}{1 + 4}\Omega = \dfrac{4}{5}\Omega = 0.8\Omega$

总电阻 $\quad R'_\Sigma = R_1 + R' = 1\Omega + 0.8\Omega = 1.8\Omega$

则 $\quad I_1' = \dfrac{E_1}{R'_\Sigma} = \dfrac{1.8}{1.8}\text{A} = 10\text{A}$

$$I_2' = \frac{E_3}{R_2 + R_3}I_1' = \frac{4}{1 + 4} \times 10\text{A} = 8\text{A}$$

$$I_3' = \frac{E_1}{R_2 + R_3}I_1' = \frac{1}{1 + 4} \times 10\text{A} = 2\text{A}$$

（2）计算电源 E_2 单独作用时在各支路上所产生的电流 I_1''、I_2'' 和 I_3''，如图 2-37c 所示，这也是一个简单电路。

由图 2-37c 可知，R_1 和 R_3 并联后的等效电阻为 $\quad R'' = \dfrac{R_1 R_3}{R_1 + R_3} = \dfrac{1 \times 4}{1 + 4}\Omega = 0.8\Omega$

总电阻 $\quad R''_\Sigma = R_2 + R'' = (1 + 0.8)\Omega = 1.8\Omega$

则 $\qquad I_2'' = \dfrac{E_2}{R''_\Sigma} = \dfrac{9}{1.8}\text{A} = 5\text{A}$

$$I_1'' = \frac{R_3}{R_1 + R_3} \times I_2'' = \frac{4}{1 + 4} \times 5\text{A} = 4\text{A}$$

$$I_3'' = \frac{R_1}{R_1 + R_3} \times I_2'' = \frac{1}{1 + 4} \times 5\text{A} = 1\text{A}$$

（3）由叠加原理，计算电压源 E_1、E_2 共同作用时各支路中的电流 I_1、I_2 和 I_3。

叠加时，图 2-37b 和图 2-37c 中各支路电流分量与图 a 中支路电流参考方向一致时取正号，反之则取负号，则

$$I_1 = I_1' - I_1'' = 10\text{A} - 4\text{A} = 6\text{A}$$

$$I_2 = -I_2' + I_2'' = -8\text{A} + 5\text{A} = -3\text{A}$$

$$I_3 = I_3' + I_3'' = 2\text{A} + 1\text{A} = 3\text{A}$$

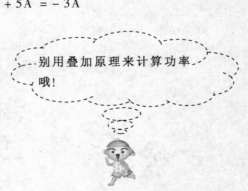

叠加时，别把电流前的正负号弄错了哦！

I_1 和 I_3 为正值，说明 I_1 和 I_3 的实际方向与图 2-37a 中所标出的参考方向一致。I_2 为负值，说明它的实际方向与图 2-37a 中所标出的参考方向相反。

读者可以用支路电流法计算本题，将会看到与用叠加原理计算的各支路电流是完全相同的。

电路中任意两点间的电压，也等于电路中各个电源单独作用时，在这两点间所产生的电压的

别用叠加原理来计算功率哦！

代数和。如图 2-37 中，$U_{AB} = I_3 R_3 = (I'_3 + I''_3) R_3 = I'_3 R_3 + I''_3 R_3 = U'_{AB} + U''_{AB}$，其中 U'_{AB} 和 U''_{AB} 分别是电源 E_1 和电源 E_2 单独作用时在 R_3 上所产生的电压。

线性电路中的功率与电流的关系，不具有电压与电流那样的线性关系，所以叠加原理不能用于功率的计算。例如，上例中，图 2-37 中电阻 R_3 的功率

$$P_3 = I_3^2 R_3 = (I'_3 + I''_3)^2 R_3 = (2 + 1)^2 \times 4W = 36W，而$$

$$I'^2_3 R_3 + I''^2_3 R_3 = 2^2 \times 4W + 1^2 \times 4W = 20W，两者是不相等的。$$

提醒你

> 叠加某一支路的电流或电压时，单个电源单独作用产生的电流或电压前是 "＋" 或是 "－"，要看它与全部电源共同作用时你选择的电流或电压参考方向是否一致，如果一致，则取 "＋"，否则，就取 "－"。

三、用叠加原理分析电路的步骤

由上面的例子，可归纳出用叠加原理分析计算电路的一般步骤：

1. 将复杂电路分解为含有一个（或几个）电源单独（或共同）作用的分解电路。

2. 分析各分解电路，分别求得各电流或电压分量。

3. 进行叠加，得出最后结果。

用叠加原理分析电路时，应注意以下几点：

1. 叠加原理仅适用于线性电路，不适用于非线性电路；仅适用于电压、电流的计算，不适用于功率的计算。

2. 当某一电源单独作用时，其他电源的参数都应置零，即电压源短路，电流源开路。

3. 应用叠加原理求电压、电流时，应特别注意各分量的符号。若分量的实际方向与原电路中的参考方向一致，则该分量取 "＋"；反之取 "－"。

知识点

> 1. 叠加原理：在线性电路中，当有多个电源共同作用时，任一支路中的电流或电压，可看作由各个电源单独作用时在该支路中所产生的电流或电压的代数和。当某一电源单独作用时，其他不作用的电源置为零（电压源电压为零，电流源电流为零），即电压源用短路代替，电流源用开路代替。
>
> 2. 用叠加原理分析电路时，应注意以下几点：
>
> （1）叠加原理仅适用于线性电路电压、电流的计算，不适用于功率的计算。
>
> （2）当某一电源单独作用时，其他电源如何处理。
>
> （3）应用叠加原理进行电压、电流的叠加求代数和时，要正确选取各分量前的正负号。

你知道吗？ 叠加原理

  叠加原理是线性电路的一个重要原理，在分析和论证一些线性电路时常要用到它。另外，叠加原理还具有普遍意义，如在一个系统中，当原因和结果之间满足线性关系时，这个系统中几个原因共同作用所产生的结果就等于每个原因单独作用时所产生的结果的总和。在电子电路中可以应用叠加原理来分析经过线性化以后的晶体管电路，用叠加原理分析 RC 电路和 RL 串联电路的暂态过程等。例如，如图 2-38 所示的 RC 串联电路，在接通开关前，电容两端已有电压 U_0，可以将它视为一个电动势为 U_0 的直流电源，它与电源电动势 U_S 共同作用在电路中。可用叠加原理分别计算出它们单独作用时的电流和电压，然后进行叠加，就可以求出电路中的电流和电压的变化规律，图 2-39 所示曲线表示了它们之间的叠加关系。

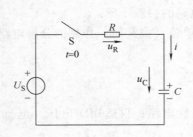

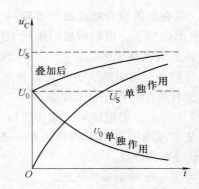

图 2-38　RC 串联电路的暂态过程　　　图 2-39　用叠加原理叠加的曲线图

本节习题

  1. 叠加原理仅适用于_____电路；在某个电源单独作用时，假设将其余电源均除去，就是把其中的理想电压源_____，即电动势为_____；把其中的理想电流源_____，即电流为_____。

  2. 图 2-40 所示电路中，U 单独作用时，AB 两点之间的开路电压 U_{AB} 为_____。

  3. 判断题（正确的画"√"，错误的画"×"）

  （1）含有两个电源的线性电路中的某一支路电流，等于两个电源分别单独作用时，在该支路中所产生的电流之和。　　　　（　　）

  （2）在应用叠加原理时，考虑某一电源单独作用时，应把其余电压源短路，电流源开路。　　　　（　　）

  （3）在含有 U_{S_1} 和 U_{S_2} 两个电源的线性电路中，当 U_{S_1} 单独作用时，某电阻消耗功率为 P_1，当 U_{S_2} 单独作用时消耗功率为 P_2，当两个电源

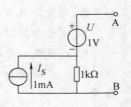

图 2-40　习题 2 图

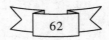

共同作用时，该电阻所消耗功率为 $P_1 + P_2$。　　（　　）

（4）用叠加原理对某一支路的电流进行叠加时，若各电源单独作用在该支路产生的电流为正值，则该电流前取正号。　　　　　　　　　　　　　　　　（　　）

4. 如图 2-41 所示的电路中，已知：$R_1 = R_2 = R_3 = 6\Omega$，$U_s = 27\text{V}$，$I_s = 3\text{A}$。用叠加原理求各未知的支路电流。

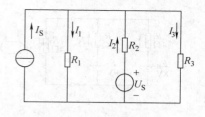

图 2-41　习题 4 图

*第五节　戴维南定理

一、有源两端线性网络

（一）有源两端线性网络的定义

有源两端线性网络指包含电源并具有两个输出端的线性网络。

如图 2-42 所示的粗细不同的两个虚线框内的电路都是有源两端线性网络。

图 2-42　有源两端线性网络

（二）复杂电路的简化

在图 2-43a 所示的电路中，如果只要求计算复杂电路的某一条支路（如 R_3 支路）中的电流和电压，可先把这个待求电流的支路提出，而后将复杂电路的其余部分看成是一个有源两端线性网络，如图 2-43b 所示。于是复杂电路就由有源两端线性网络和待求支路组成，如图 2-43c 所示。

（三）有源两端线性网络的开路电压和入端电阻

对一个有源两端线性网络，当外电路断开的时候，网络端口处的电压称为有源两端线性网络的开路电压，用 U_{oc} 表示，这时从端口处向有源两端线性网络看进去的电阻称为有源两端线性网络的等效电阻（也称入端电阻），用 r_0 表示。

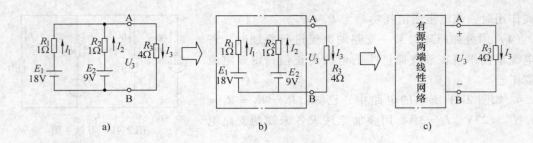

图 2-43 复杂电路的简化

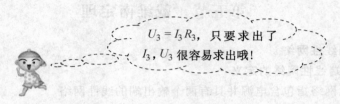

$U_3 = I_3 R_3$，只要求出了 I_3，U_3 很容易求出哦！

提醒你

在计算 r_0 时，有源两端线性网络内所有电源的电动势应为零，即恒压源处用短接线代替，而恒流源开路。

例 2-7 求图 2-44 所示的有源两端线性网络的开路电压和入端电阻。

解：（1）求有源两端线性网络的开路电压 U_{OC}

设回路绕行方向是顺时针方向，则

$$I = \frac{12}{4+2}A = 2A$$

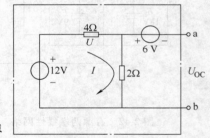

图 2-44 例 2-7 图

4Ω 电阻两端的电压 U 为

$$U = RI = 4 \times 2V = 8V$$

则 $U_{OC} = U_{ab} = [-6 + (-8) + 12] V = -2V$（负值表示 U_{OC} 的实际方向与图中的参考方向相反）

（2）求入端电阻 r_0

将图 2-44 中的恒压源短接，得到图 2-45 所示电路。

$$r_0 = \frac{4 \times 2}{4+2}\Omega = 1.33\Omega$$

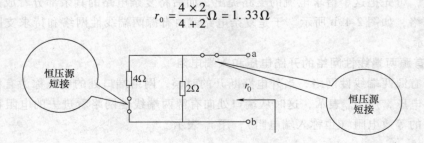

图 2-45 求解等效电阻

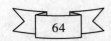

二、戴维南定理（等效发电机定理）

（一）戴维南定理的内容

戴维南定理：任何一个有源两端线性网络，都可以用一个等效的电压源来代替，等效电压源的电动势 E_0 等于有源两端线性网络的开路电压 U_{oc}；等效电压源的内电阻 r 等于有源两端线性网络的等效电阻 r_0。E_0 也常用 U_S 表示，如图 2-46 所示。

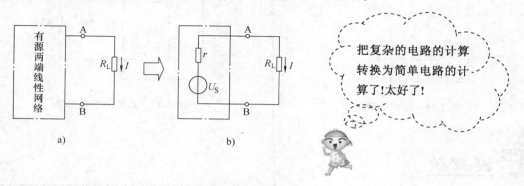

图 2-46　有源两端线性网络可以用一个等效电压源代替

戴维南定理是说明如何将一个有源两端线性网络等效为一个电压源的形式，又称等效发电机定理。

 提醒你

电压源与有源两端线性网络对外电路等效，对内电路是不等效的。

（二）求戴维南等效电路的步骤

戴维南等效电路：把一个电路中的有源两端线性网络用等效电压源替代后所得到的电路。如图 2-46b 所示的电路称为图 2-46a 所示电路的戴维南等效电路。

求戴维南等效电路的步骤是

1. 求出有源两端线性网络的开路电压 U_{oc}；

2. 将有源线性两端网络的所电压源的电动势短路，恒流源开路，求出无源两端网络的等效电阻 r_0；

3. 画出戴维南等效电路图。

例 2-8　求图 2-47 所示电路中的有源两端线性网络的戴维南等效电路。

解：（1）求有源线性两端网络的开路电压 U_{oc}。由于回路中含有电流源，所以回路的电流为 1A，方向为逆时针方向。

4Ω 电阻两端的电压 U 为：$U = RI = 4 \times 1V = 4V$

开路电压 U_{oc} 为：$U_{oc} = （4 + 12）V = 16V$

（2）求内电阻 r_0，将电压源短路，电流源开路，得如图 2-48 所示电路。

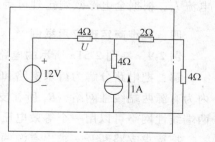

图 2-47　例 2-8 图

等效电阻：$r_0 = （2+4）\ \Omega = 6\Omega$

根据戴维南定理，可得到戴维南等效电路，如图 2-49 所示。

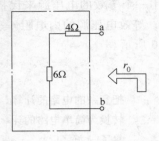 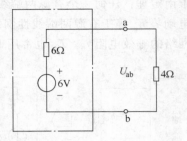

图 2-48　求解等效电阻　　　　　　图 2-49　戴维南等效电路

 提醒你

　　　根据戴维南定理计算某一支路的电流，关键是求戴维南等效电路，即求出有源两端线性网络的开路电压 U_{OC} 和入端电阻 r_0，进而得到等效电压源的电动势 U_S 和内阻 r。

三、实验法求等效电压源的电动势和内阻

1. 用高内阻电压表测得的有源两端线性网络的开路电压 U_{OC}，就是等效电压源的电动势 U_S（要注意其正负极性），如图 2-50a 所示。

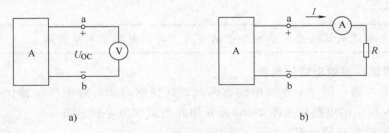

a)　　　　　　　　　　　　b)

图 2-50　实验法等效电压源的电动势和内阻
a）用高内阻电压表测开路电压　b）用低内阻电流表测等效内阻

2. 用低内阻电流表与一个已知电阻 R 串联，然后接在有源两端线性网络的两端，测得电流 I_0。根据全电路欧姆定理可得到等效电源的内阻 $r = \dfrac{U_{OC}}{I_0} - R$，如图 2-50b 所示。

四、戴维南定理应用举例

例 2-9　在图 2-51a 所示的电路中，计算通过电阻 R_3 的电流。

解：把电路分解为待求支路和有源两端线性网络两部分，如图 2-51b 所示，点划线方框内为有源两端线性网络，R_3 所在支路为待求支路。根据戴维南定理，点划线方框内的有源两端线性网络可以用一个等效电压源来代替，如图 2-51c 所示。

把待求支路断开，求出有源两端网络的开路电压 U_{OC}，如图 2-52a 所示。

$$I = \frac{E_1 - E_2}{R_1 + R_2} = \frac{18 - 9}{1 + 1}A = 4.5A$$

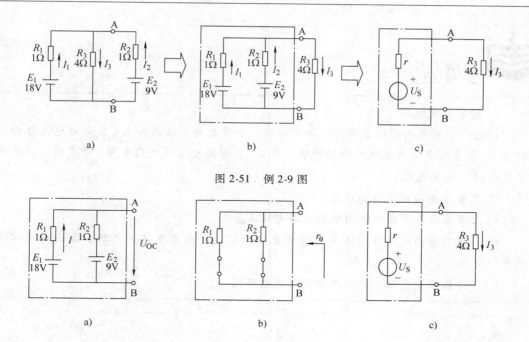

图 2-51　例 2-9 图

图 2-52　用戴维南定理解题

a)、b）计算等效电阻　c）等效电路

$$U_{OC} = E_1 - IR_1 = （18 - 4.5 \times 1）\,V = 13.5\,V$$

将网络内各电压源短路，电流源开路，求出两端网络的等效电阻 r_0，如图 2-52b 所示。

$$r_0 = \frac{R_1 R_2}{R_1 + R_2} = 0.5\,\Omega$$

画出戴维南等效电路图，其电动势 $U_s = U_{OC}$，等效内阻 $r = r_0$。重新接上待求支路，如图 2-52c 所示，根据全电路欧姆定律即可求出该支路电流。即有

$$I_3 = \frac{U_s}{r + R_3} = \frac{13.5}{0.5 + 4}\,A = 3\,A$$

应用戴维南定理求解，过程要比直接用基尔霍夫定律求解要简便得多。计算出 I_3 后，也可以比较容易地计算出 I_1 和 I_2，读者可以一试。

提醒你

　　上题中，计算得到 I_3 后，要想计算 I_1 和 I_2，必须回到原来几个电源共同作用的电路中计算。

 知识点

1. 戴维南定理

任何一个有源两端线性网络，都可以用一个等效的电压源来代替，等效电压源的电动势 E_0 等于有源两端线性网络的开路电压 U_{OC}；等效电压源的内电阻 r 等于两端网络的等效电阻（入端电路）r_0。

2. 求戴维南等效电路的步骤

（1）求出有源两端线性网络的开路电压 U_{OC}；

（2）将有源两端线性网络内的所有电压源短路，所有电流源开路，求出两端网络的等效电阻 r_0；

（3）由戴维南定理，画出戴维南等效电路图。

 你知道吗？ 戴维南定理

戴维南定理不仅用于复杂直流电路的分析计算，还广泛用于交流电路的分析与计算。

例如，一个单相照明电路，要提供电能给白炽灯、风扇、电视机、电脑等许多家用电器，如图 2-53a 所示。对其中任一个电器来说，都是接在电源的两个接线端子上。如果要计算通过其中一盏白炽灯的电流等物理量，对白炽灯而言，接白炽灯的两个端子 a、b 的左边可以看作是白炽灯的电源，此时电路中的其他电器设备均为这一电源的一部分。等效电路如图 2-53b 所示，显然电路计算要简单多了。

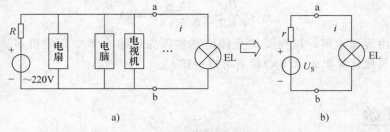

图 2-53 照明电路用戴维南定理简化计算
a）照明电路 b）等效电路

本节习题

1. 判断题（正确的画"√"，错误的画"×"）

（1）戴维南定理只对外部电路等效。 （　　）

（2）任何一个有源两端线性网络，都可用一个电压源等效代替。 （　　）

（3）运用戴维南定理求解两端线性网络的等效内电阻时，应将有源两端线性网络中所有的电源都开路后再求解。 （　　）

（4）有源两端线性网络的外电路含有非线性元件时，戴维南定理仍然适用。 （　　）

2. 选择题（将正确答案的序号填入括号内）

（1）戴维南定理中"等效电压源的电动势 E_0"等于（　　）。

A. 负载两端电压　　　　　　　　　　B. 电路中电压的代数和

C. 有源两端线性网络的开路电压　　　D. 电路中含有的所有电压源和电流源之和

（2）将图 2-54 所示有源两端线性网络等效为电压源后，U_S 和 r 分别为（　　）。

A. 0V，4Ω　　　　B. 2V，4Ω　　　　C. 4V，2Ω　　　　D. 2V，2Ω

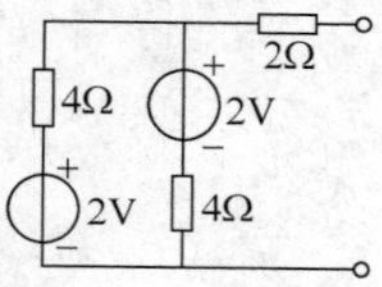

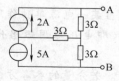

图 2-54　习题 2（2）图

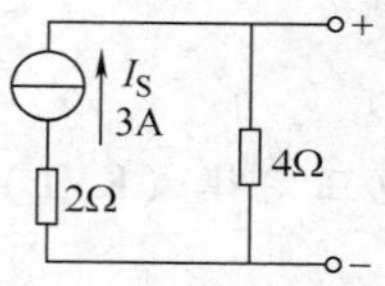

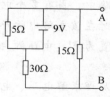

图 2-55　习题 2（3）图

（3）将图 2-55 所示电路等效为电压源后，U_S 和 r 分别为（　　）

A. 12V、4Ω　　　　　　　　　　B. 2V、4/3Ω

C. 12V、4/3Ω　　　　　　　　　D. 2V、6Ω

（4）将图 2-56 所示电路简化为戴维南等效电路后，U_S、r 分别为（　　）

A. 7V、1Ω　　　　　　　　　　B. 9V、6Ω

C. 18V、3Ω　　　　　　　　　　D. 39V、9Ω

3. 求图 2-57 所示的有源两端网络的开路电压 U_{AB} 和等效电阻 R_{AB}。

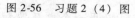

图 2-56　习题 2（4）图

图 2-57　习题 3 图

4. 电路如图 2-58 所示，假定电压表的内阻为无限大，电流表的内阻为零。当开关 S 接到位置 1 时，电压表的读数为 10V，当 S 接到位置 2 时，电流表的读数为 5mA。试问当 S 接到位置 3 时，电压表和电流表的读数各为多少？

5. 如图 2-59 所示电路中，已知：$U_{S_1} = 18\text{V}$，$U_{S_2} = 12\text{V}$，$I = 4\text{A}$。用戴维南定理求电压源 U_S 等于多少？

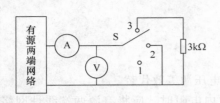

图 2-58　习题 4 图

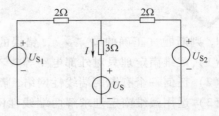

图 2-59　习题 5 图

本 章 小 结

1. 不能用电阻串并联方法简化的电路，称为复杂电路。计算复杂电路，要弄清它的电路组成，可以用支路电流法、电源等效变换、叠加原理和戴维南定理等方法进行计算。

2. 基尔霍夫定律包括基尔霍夫电流定律和基尔霍夫电压定律

基尔霍夫电流定律（KCL）的数学表达式为

$$\sum I_\text{入} = \sum I_\text{出}$$

或

$$\sum I = 0$$

基尔霍夫电压定律（KVL）的数学表达式为

$$\sum U = 0$$

3. 支路电流法是以支路电流为未知量，应用基尔霍夫定律，列出与支路电流数量相等的独立方程式，再联立求解支路电流的方法。

4. 用数值等于 E 的电动势和一个内阻 r 相串联的电路模型来代替实际电源，称为电压源等效电路，简称电压源。用一个恒定电流 I_S 和一个内阻 r 相并联的电路模型来代替实际电源，这种电路模型称为电流源等效电路，简称电流源。

电压源和电流源之间可以进行等效变换，但是，电压源和电流源的等效变换只能对外电路等效，对内电路则不等效。恒压源和恒流源之间不能进行等效变换。

5. 叠加原理是线性电路的重要原理。叠加原理可以用来计算线性电路任一支路中的电流或电压，但不能用来计算功率。

在线性电路中，当有多个电源共同作用时，任一支路中的电流或电压，可以看作由各个电源单独作用时在该支路中所产生的电流或电压的代数和。当某一电源单独作用时，其他不作用的电源应置为零（电压源电压为零，电流源电流为零，即电压源用短路代替，电流源用开路代替）。

应用叠加原理求解电压、电流时，应注意各分量的符号。若分量的参考方向与原电路中的参考方向一致，则该分量取正号，反之取负号。

6. 任何一个有源两端线性网络，对于外电路而言，都可以用一个电压源和内电阻相串联的电路模型来代替，理想电压源的电压 U_S 就是有源两端线性网络的开路电压 U_{oc}；等效电压源的内电阻 r 等于有源两端线性网络的等效电阻 r_0，这一结论被称为戴维南定理。在复杂电路中，求解某一支路中的电流或电压时，应用戴维南定理将电路简化后再计算是较为方便的。

本章所介绍的支路电流法以及叠加原理、戴维南定理，都是在线性直流电路的基础上导出的，但这些方法和定理也适用于正弦交流电路。对于非线性电路，在用适当措施线性化后，也可以应用。

本 章 测 验 题

一、填空题

1. 基尔霍夫第一定律又称为_____定律，它表明在任意时刻，_____的电流之和恒等于_____的电流之和，其数学表达式为_____。基尔霍第二定律又称为_____，它表明在任意一个回路中，_____的代数和恒等于各电阻上_____的代数和，其数学表达式为_____。

2. 如图 2-60 所示的电路中，共有_____个节点，_____条支路，_____个回路。

3. 叠加原理是反映_____的一个重要原理。叠加原理的内容是：在一个线性电路中，当有多个电源共同作用时，任意一个支路中的_____，可看成是由各个电源单独作用时，在该支路中所产生的_____的代数和。

4. 戴维南定理又称_____定理，其内容是任何一个_____，都可以用一个等效电压源来代替。这个等效电压源的电动势 E_0 等于_____；等效电压源的内电阻 r 等于_____的等效电阻。

5. 在图 2-61 所示的电路中，已知电源电动势 $E = 12V$，电源内阻不计，电阻 R_1、R_2 两端的电压分别为 2V 和 6V，极性如图中所示。则电阻 R_3、R_4 和 R_5 两端的电压分别为_____、_____和_____，并在图上标出这些电压的极性。

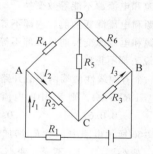

图 2-60 填空题第 2 题图

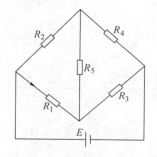

图 2-61 填空题第 5 题图

图 2-62 填空题第 6 题图

6. 在图 2-62 所示的电桥电路中，已知通过电阻 R_1、R_2 和 R_3 中的电流分别是 25mA、15mA 和 10mA，方向如图中所示。那么通过电阻 R_4、R_5 和 R_6 中的电流分别是_____、_____和_____，并在图上标出电流方向。

7. 如图 2-63 所示为有源线性两端网络 A，如将电压表接在 a、b 两端点上，其读数为 100V；如将电流表接在 a、b 两端点上，其读数为 2A。那么 a、b 两点间的开路电压为_____V，两点之间的等效电阻为_____。

二、判断题（正确的打"√"，错误的打"×"）

1. 在复杂电路中有 m 个回路就可以由 KVL 列出 m 个独立的回路电压方程式。 （　　）

2. 用支路电流求解电路时，若有 n 个节点，能列出 n 个独立的节点电流方程。 （　　）

3. 任何电压源与电流源之间都可以进行等效变换。 （　　）

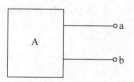

图 2-63 填空题
第 7 题图

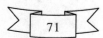

4. 可以用叠加原理来计算线性电路中的电压和电流,但不能用于功率计算。（　　）

5. 任何一个两端网络都可以用一个等效电压源来代替。（　　）

三、选择题（将正确的答案序号填入括号内）

1. 电路如图 2-64 所示,已知每个电源的电动势均为 E,电源内阻不计,每个电阻均为 R,则电压表的读数为（　　）。

A. 0　　　　　B. E　　　　　C. $2E$　　　　　D. $4E$

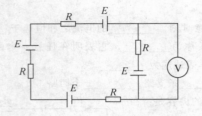

图 2-64　选择题第 1 题图　　　　　　　　图 2-65　选择题第 2 题图

2. 电路如图 2-65 所示,正确的关系式是（　　）。

A. $I_1 = \dfrac{E_1 - E_2}{R_1 + R_2}$　　　　　　　　B. $I_2 = \dfrac{E_2}{R_2}$

C. $I_1 = \dfrac{E_1 - E_{ab}}{R_1 + R_2}$　　　　　　　D. $I_2 = \dfrac{E_2 - U_{ab}}{R_2}$

3. 下面叙述正确的是（　　）。

A. 电压源和电流源不能等效变换

B. 电压源和电流源变换前后内部不等效

C. 电压源和电流源变换前后外部不等效

D. 以上说法都不正确

4. 测得一个有源线性两端网络的开路电压 $U_0 = 6V$,短路电流 $I_S = 2A$,设外接负载电阻 $R_L = 9\Omega$,则 R_L 中的电流为（　　）

A. 2A　　　　　B. 0.67A　　　　　C. 0.5A　　　　　D. 0.25A

5. 如图 2-66 所示电路中,当 R_1 增加时,电流 I 和 I_2 将分别（　　）。

A. 变大、变小　　　　B. 不变、变小

C. 变小、不变　　　　D. 变大、不变

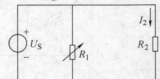

四、电源的等效变换

图 2-66　选择题第 5 题图

1. 将图 2-67a 所示电路等效变换为电压源、将图 2-67b 所示电路等效变换为电流源。

2. 将图 2-68 所示有源两端线性网络等效变换为一个电流源。

3. 将图 2-70 所示有源两端网络等效变换为一个电压源。

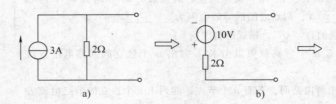

图 2-67　电源的等效变换第 1 题图

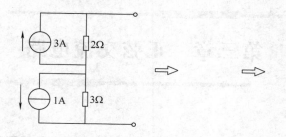

图 2-68 电源的等效变换第 2 题图

图 2-69 电源的等效变换第 3 题图

五、计算题

1. 如图 2-70 所示的电路中，已知电源电动势 $E_1 = 6V$，$E_2 = 1V$，电源内阻不计，电阻 $R_1 = 1\Omega$，$R_2 = 2\Omega$，$R_3 = 3\Omega$，试用支路电流求各支路中的电流。

2. 用电源等效变换法，求图 2-71 所示电路中的电流 I_2。

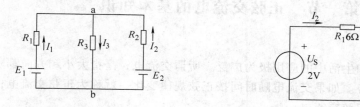

图 2-70 计算题第 1 题图　　　　　　　　图 2-71 计算题第 2 题图

3. 电路如图 2-72 所示，已知 $R_1 = R_2 = 1\Omega$，$U_S = 1V$，$I_S = 0.5A$，试用叠加原理求电流 I。

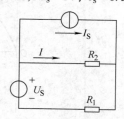

图 2-72 计算题第 3 题图

第三章　正弦交流电路

第一节　正弦交流电的基本知识

一、交流电

交流电在日常生产和生活中的应用极为广泛。所谓交流电，是指大小和方向都随时间变化的电流、电压和电动势。如果交流电随时间按正弦规律变化，就称为正弦交流电；不按正弦规律变化，就称为非正弦交流电。

如图 3-1 中，a 是直流，而 b、c、d 是交流波形。其中，b 是正弦波交流，c 锯齿波交流

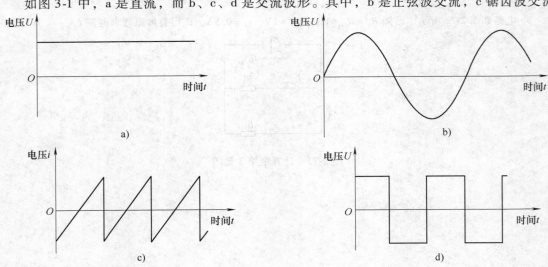

图 3-1　各种电波的波形

a）直流电压　b）正弦交流电压　c）锯齿波电流　d）方波电压

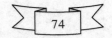

和 d 方波电压都是非正弦波交流。

提醒你

家庭和工厂等地方都用正弦交流电；电视接收机显像管的偏转电流利用的是锯齿波交流电；计算机中的信号用的是方波波形。非正弦交流电可认为是一系列正弦交流电叠加的结果。

二、正弦交流电的产生

大多数正弦交流电是由交流发电机产生的。如图 3-2 所示是交流发电机的简单结构示意图。它主要由一对能够产生磁场的磁极（定子）和绕在圆柱形铁心上、能够产生感应电动势的线圈（转子）组成。

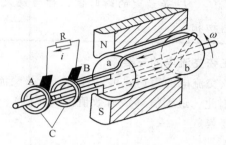

图 3-2　交流发电机示意图

提醒你

磁极产生的磁感应线垂直于铁心表面，并按正弦规律分布。当线圈在磁场中按逆时针方方向旋转时，就得到了如图 3-3b 所示的按正弦规律变化的感应电动势。

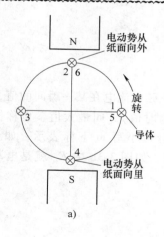

a)

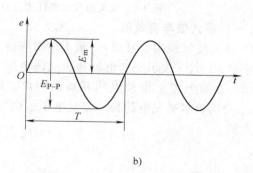

b)

图 3-3　正弦波交流的产生

a）正弦交流电的产生　b）正弦交流电动势

当线圈在原动机（如水轮机或汽轮机）的带动下旋转时，由于电磁感应在线圈中产生了按正弦规律变化的交流电，即

$$e = E_m \sin(\omega t + \varphi_e)$$
$$u = U_m \sin(\omega t + \varphi_u)$$

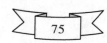

$$i = I_m \sin(\omega t + \varphi_i)$$

上式中，e、u、i 分别是交流电动势、交流电压、交流电流的瞬时值，其大小随时间变化。例如，$u = 220\sqrt{2}\sin100\pi t$ V，当 $t = 0$ 时，$u = 220\sqrt{2}\sin100\pi \times 0 = 0$；当 $t = 0.05$s，$u = 220\sqrt{2} \times \sin100\pi \times 0.05 = 220\sqrt{2}$V。

提醒你

> E_m、U_m、I_m 是最大的瞬时值，称为最大值（或振幅、峰值）；ω 称为角频率；φ_e、φ_u、φ_i 叫初相。

三、正弦交流电的三要素

由正弦交流电的表达式可以看出，正弦交流电由最大值、角频率、初相来确定的，如图 3-4 所示。因此，最大值（或有效值、瞬时值）、角频率（或频率、周期）和初相叫做正弦交流电的三要素。

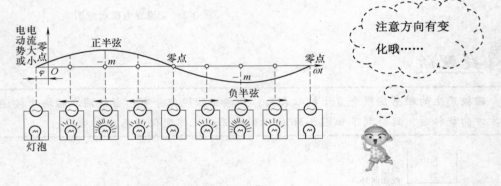

图 3-4 交流电变化曲线的三要素

（一）最大值与有效值

1. 最大值（振幅、峰值） 最大的瞬时值（瞬时值即为正弦交流电在某一瞬间的值，用小写字母 e、u、i 表示交变电动势、交流电压、变流电流的瞬时值），叫最大值，也称振幅或峰值。在波形图上指顶点到零点的距离。通常用大写字母带小写 m 下标表示，如 E_m、U_m、I_m 分别表示交变电动势、交变电压、交变电流的最大值。如图 3-3b 中 E_m 就是电动势的最大值。

提醒你

> 电压的最低值到最高值称为峰-峰值，用 U_{p-p} 表示。$U_{p-p} = 2U_m$，如图 3-3b 所示。

2. 有效值 正弦量的有效值是根据电流的热效应来规定的。如图 3-5 所示，在相同的时间里，直流电和交流电在相同的负载上产生相同的热量，就把该直流电的值叫做该交流电的有效值。有效值通常用大写字母表示，如 E、U、I 分别表示交变电动势、交变电压和交变

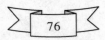

电流的有效值。

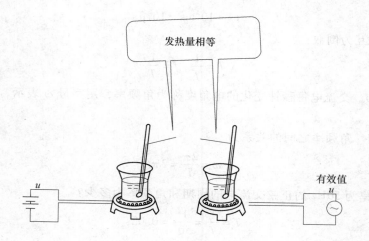

图 3-5　和直流电压有相同作用的交流电压有效值

提醒你

交流电各物理量的大小如无特殊说明，一般表示的是有效值。交流仪表显示值和电器设备的额定值均为有效值。

3. 最大值与有效值的关系

经过计算，可以得出最大值与有效值间满足以下关系：

$$I = \frac{I_\mathrm{m}}{\sqrt{2}} = 0.707 I_\mathrm{m}$$

$$E = \frac{E_\mathrm{m}}{\sqrt{2}} = 0.707 E_\mathrm{m}$$

$$U = \frac{U_\mathrm{m}}{\sqrt{2}} = 0.707 U_\mathrm{m}$$

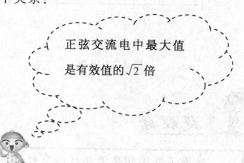

正弦交流电中最大值是有效值的 $\sqrt{2}$ 倍

例如，某正弦交流电压 $u = 220\sqrt{2}\sin 314t$ V，其最大值 $U_\mathrm{m} = 220\sqrt{2}$ V，有效值 $U = 220$ V。

（二）频率、周期、角频率

1. 频率 f　交流电 1s 内完成完整波形的次数，叫频率。频率用 f 表示，单位为赫兹（Hz）。此外较大的单位还有 kHz、MHz 等，它们之间的换算为

$$1\mathrm{MHz} = 10^3 \mathrm{kHz} = 10^6 \mathrm{Hz}$$

例如图 3-6 所示的频率 $f = 4$Hz。

2. 周期 T　完成一次完整波形变化所需的时间称为周

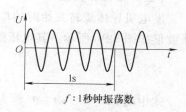

f：1秒钟振荡数

图 3-6　频率

期。周期用 T 表示，周期的单位为秒（s），常用的还有毫秒（ms）、微秒（μs），它们之间的换算为

$$1s = 10^3 ms = 10^6 \mu s$$

周期、频率互为倒数：

$$T = \frac{1}{f}, f = \frac{1}{T}$$

3. 角频率 ω　交流电每秒钟变化的电角度称为角频率，用字母 ω 表示，单位 rad/s（弧度/秒）

频率、周期、角频率之间的关系为

$$\omega = \frac{2\pi}{T} = 2\pi f$$

例 3-1　频率为 50Hz 的正弦交流电的周期和角频率为多少？

解：周期
$$T = \frac{1}{f} = \frac{1}{50}s = 0.02s$$

角频率
$$\omega = 2\pi f = 2 \times 3.14 \times 50 rad/s = 314 rad/s$$

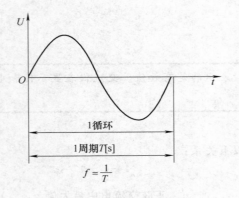

图 3-7　周期

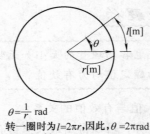

$\theta = \frac{1}{r}$ rad

转一圈时为 $l = 2\pi r$，因此，$\theta = 2\pi$rad

$\omega = 2\pi f$rad/s

图 3-8　弧度法

 提醒你

我国工频单相交流电压的有效值为 220V，周期为 0.02s，频率为 50Hz。

（三）相位和初相

发电机导体旋转开始时的位置如图 3-9a 所示，处于某角度 θ_1 或 θ_2 时，导体中感应的电压波形如图 3-9b 所示。其电压瞬时值分别为

$$u_1 = U_m \sin(\omega t + \theta_1)$$
$$u_2 = U_m \sin(\omega t + \theta_2)$$

式中的 $\omega t + \theta_1$、$\omega t + \theta_2$ 称为正弦量的相位角或相位，它反映出正弦量变化进程。当 $t = 0$ 时的相位角 θ_1、θ_2 称为初相位或初相。

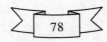

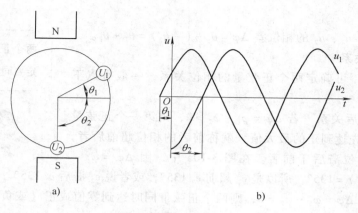

图 3-9　相位和相位差

a）发电机　b）有初相位的正弦交流

 提醒你

习惯上，初相一般用小于 180° 的正角或负角来表示，可采用 ±360° 来实现。如 270° 可化成 −360° + 270° = −90° 表示；而 −270° 则可化成 360° − 270° = 90° 表示。

例 3-2　已知正弦交流电　$u = 311\sin\left(314t - \dfrac{\pi}{6}\right)$ V，试求：（1）最大值和有效值；（2）角频率、频率和周期；（3）相位和初相位；（4）$t = 1$s 和 $t = 0.01$s 的电压瞬时值。

解：（1）最大值 $U_m = 311$ V

有效值
$$U = \frac{U_m}{\sqrt{2}} = \frac{311}{\sqrt{2}} \text{ V} = 220 \text{ V}$$

（2）角频率
$$\omega = 314 \text{rad/s}$$

频率
$$f = \frac{\omega}{2\pi} = \frac{314}{2\pi} \text{Hz} = 50 \text{Hz}$$

周期
$$T = \frac{1}{f} = \frac{1}{50} \text{s} = 0.02 \text{s}$$

（3）相位
$$\alpha = 314t - \frac{\pi}{6}$$

初相位
$$\phi = -\frac{\pi}{6}$$

（4）$t = 0$s 时　$u = 311\sin\left(314 \times 0 - \dfrac{\pi}{6}\right) = 311\sin\left(-\dfrac{\pi}{6}\right)$ V $= -155.5$ V

$t = 0.01$s 时　$u = 311\sin\left(314 \times 0.01 - \dfrac{\pi}{6}\right) = 311\sin\dfrac{5\pi}{6}$ V $= 155.5$ V

四、相位差和相位关系

（一）相位差

两个同频率正弦量的相位角之差称为相位差，用符号 $\Delta\varphi$ 表示。相位差实质上就是它们

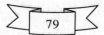

的初相角之差。

如图 3-9 中，u_1、u_2 的相位差 $\Delta\varphi' = \theta_1 - (-\theta_2) = \theta_1 + \theta_2$。

（二）相位关系

根据相位差，可确定两个正弦量的相位关系，一般有以下几种

两个正弦量比较一定要同频率喔。

1. 超前、滞后关系　若 $\Delta\varphi = \varphi_1 - \varphi_2 > 0$，则第一个正弦量比第二个正弦量先达到正的最大值，就称前者的相位超前后者，或者说后者的相位滞后于前者。在图 3-10a 中，因 $\Delta\varphi = \varphi_1 - \varphi_2 = 60° - (-75°) = 135°$，所以是 e_1 超前 e_2 135°，或者说 e_2 滞后 e_1 135°。

2. 同相　若 $\Delta\varphi = \varphi_1 - \varphi_2 = 0$，则两个正弦量同时达到零值或正（或负）的最大值，就称两个正弦量同相。如图 3-10b 所示，e_1 与 e_2 同相。

3. 反相　若 $\Delta\varphi = \varphi_1 - \varphi_2 = 180°$，则一个正弦量达到正的最大值时，另一个正弦量正好达到负的最大值，就称两个正弦量反相。如图 3-10c 中，e_1 与 e_2 反相。

4. 正交　若 $\Delta\varphi = \varphi_1 - \varphi_2 = \pm 90°$，则一个正弦量达到零值时，另一个正弦量正好达到正（或负）的最大值，就称两个正弦量正交。如图 3-10d 中，e_1 与 e_2 正交。

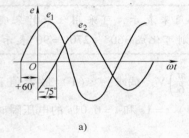
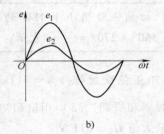

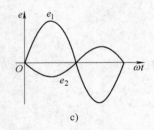
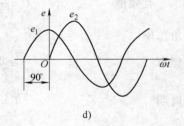

图 3-10　两个正弦量的相位关系

例 3-3　已知正弦电动势 $e_1 = 110\sin(314t + 120°)$，$e_2 = 50\sin(314t + 30°)$，$e_3 = 220\sin(314t - 60°)$。试求出 e_1 与 e_2、e_2 与 e_3、e_3 与 e_1 的相位差，并说明它们之间的相位关系。

解： e_1 与 e_2、e_2 与 e_3、e_3 与 e_1 的相位差及相位关系分别是：

$\Delta\varphi_{12} = \varphi_1 - \varphi_2 = 120° - 30° = 90°$，$e_1$ 与 e_2 正交，且 e_1 超前 e_2 90°（或 e_2 滞后 e_1 90°）；

$\Delta\varphi_{23} = \varphi_2 - \varphi_3 = 30° - (-60°) = 90°$，$e_2$ 与 e_3 正交，且 e_2 超前 e_3 90°（或 e_3 滞后 e_2 90°）；

$\Delta\varphi_{31} = \varphi_3 - \varphi_1 = -60° - 120° = -180°$，$e_3$ 与 e_1 反相。

（三）技能训练——用示波器观察交流波形

用示波器可直接观察交流波形，并测量波形的幅值、频率等。

1. **认识示波器** 示波器外形如图 3-11 所示。示波器面板通常由显示部分、X 轴系统、Y 轴系统组成。图 3-12 所示是 ST4328 型双踪示波器面板图。

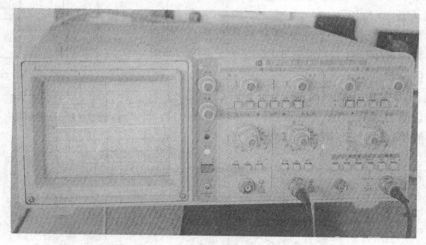

图 3-11 示波器外形图

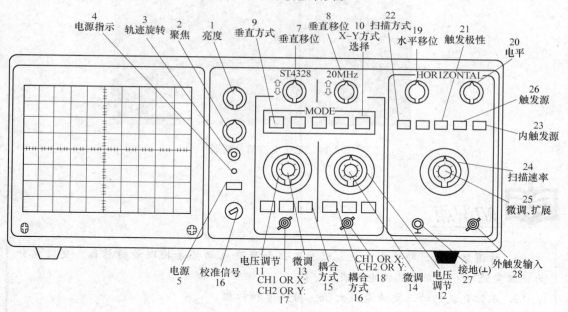

图 3-12 ST4328 型双踪示波器面板

2. **观察交流信号波形** 按图 3-13 所示接线，分别调节信号发生器和示波器旋钮，使示波器显示如图 3-14 所示稳定、完整的正弦波形。

调节步骤

（1）接通示波器电源，预热 2min 后调节 "辉度"、"聚焦"、"X 轴位移"、"Y 位移" 等旋钮，使荧光屏中央出现一条水平线。

（2）调节信号发生器，使其输出电压为 1~5V，频率为 300Hz。用示波器观察信号电压波形，调节 "Y 轴衰减"、"X 轴增幅" 旋钮，使荧光屏显示的电压波形的峰-峰值为 5 个左右。

（3）调节"扫描范围"、"扫描微调"旋钮，使荧光屏上显示出 1～2 个完整的波形。

3. 正确读数

（1）时间（周期），一个完整波形的格数乘以扫描时间因数（时间/格）。如图 3-14 所示，一周期约有 4.2 格（横向）。

（2）电压最大值，波形峰-峰（上下顶点）之间的格数乘以垂直偏转因数（电压/格）。如图 3-14 所示，波形峰-峰之间约有 4.5 格（纵向）。

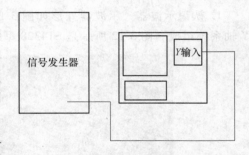

图 3-13　原理框图

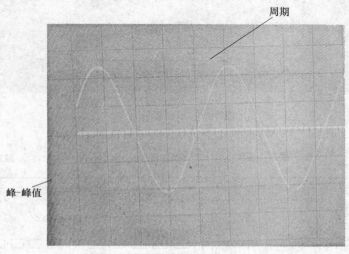

周期

峰-峰值

图 3-14　正弦交流信号波形

 知识点

1. 所谓交流电，即交变电流、交变电压和交变电动势等物理量的总称。交流电分为正弦交流电和非正弦交流电两类。

2. 正弦交流电的三要素是最大值、角频率和初相。

3. 频率、周期、角频率之间存在下列关系：

$$\omega = \frac{2\pi}{T} = 2\pi f$$

4. 最大值、有效值间满足下列关系：

$$E = \frac{E_m}{\sqrt{2}} = 0.707E_m \qquad U = \frac{U_m}{\sqrt{2}} = 0.707U_m \qquad I = \frac{I_m}{\sqrt{2}} = 0.707I_m$$

5. 两个同频率正弦交流电的相位关系，一般有超前、滞后关系，特殊的有同相、反相、正交。

你知道吗？　各种频率

我国家用电源的频率是 50Hz。人耳能听到的声音频率为 20Hz ~ 20kHz；AM 中波无线电波为 535 ~ 1605kHz。低于 20Hz 的声波称作次声波，20kHz 以上的声波称为超声波。

本节习题

1. 判断题

（1）大小与方向随时间的变化而变化的电流、电压或电动势称为正弦交流电。（　　　）

（2）用交流电表所测得的数值为交流电的最大值。（　　　）

（3）一只额定电压为 220V 的灯泡可以接在最大值为 311V 的交流电源上。（　　　）

（4）交流电的三要素是最大值、角频率和相位。（　　　）

2. 填空题

（1）正弦交流电的三要素是＿＿＿、＿＿＿＿和＿＿＿＿。

（2）一正弦交流电的角频率为 100π rad/s，则它的周期 $T = $＿＿＿＿＿，频率 $f = $＿＿＿＿＿。

（3）已知一正弦交流电流 $i = 200\sin\left(314t + \dfrac{\pi}{6}\right)$ A，则该交流电的最大值为＿＿＿＿＿＿，有效值为＿＿＿＿＿，频率为＿＿＿＿＿，周期为＿＿＿＿＿，初相位＿＿＿＿＿。

（4）已知一正弦交流电在 0.1s 内变化了 6 周，那么它周期为＿＿＿＿＿，频率为＿＿＿＿，它的角频率为＿＿＿＿＿。

3. 让 8A 的直流电流和最大值为 10A 的交流电流分别通过电阻值相同的电阻。问：相同时间内，哪个电阻发热最大？为什么？

4. 已知下列正弦量的三要素，试分别写出它们的瞬时值表达式。

（1）$U_{\mathrm{m}} = 311$ V；　　$f = 50$Hz；　　$\phi_u = 135°$。

（2）$I_{\mathrm{m}} = 100$ A；　　$f = 100$Hz；　　$\phi_i = \dfrac{\pi}{6}$。

第二节　正弦交流电的表示方法

正弦交流电的表示，通常有解析式、波形图、旋转相量法和复相量等方法。下面，我们主要介绍前三种表示方法。

一、解析式

解析式就是用正弦函数来表示交流电的方法。正弦交流电的电动势、电压和电流的解析式为：

$$e = E_{\mathrm{m}}\sin(\omega t + \phi_e)$$
$$u = U_{\mathrm{m}}\sin(\omega t + \phi_u)$$

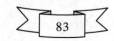

$$i = I_m \sin(\omega t + \phi_i)$$

也称为瞬时表达式。

例如：已知某正弦交流电流的最大值 $I_m = 30A$，频率 $f = 50Hz$，初相 $30°$，则它的解析式为

$$i = I_m \sin(\omega t + \phi_i) = 30\sin(314t + 30°)$$

二、波形图

波形图是用正弦函数图像来表示交流电的方法。如图 3-15 所示。

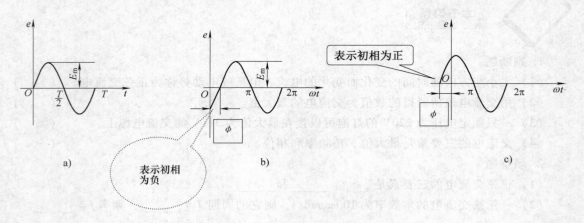

图 3-15　波形图

　　横坐标以 t（时间）为变量，单位为秒；以 ωt（角度）为变量，单位为弧度（或度）。初相为正角时，起点在坐标原点的左侧，如图 3-15c 所示；初相为负角时，起点在坐标原点的右侧，如图 3-15b 所示。

三、相量法

由于正弦交流电路中，交流电的频率是不变的，因此，可以用相量来表示正弦量，即用相量 $\dot{E}_m = E_m \underline{/\phi_e}$ 来表示交流电动势 $e = E_m \sin(\omega t + \phi_e)$，同样相量 $\dot{U}_m = U_m \underline{/\phi_u}$、$\dot{I}_m = I_m \underline{/\phi_i}$ 分别表示交流电 $u = U_m \sin(\omega t + \phi_u)$、$i = I_m \sin(\omega t + \phi_i)$。如，$e = 60\sin(\omega t + 60°)$ 可表示为 $\dot{E}_m = 60 \underline{/60°}$。

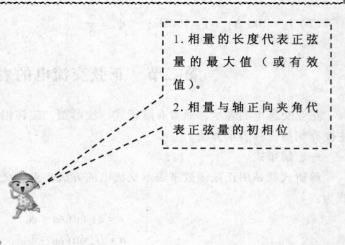

1. 相量的长度代表正弦量的最大值（或有效值）。

2. 相量与轴正向夹角代表正弦量的初相位

$u = 30\sin(\omega t + 30°)$ 可表示为　$\dot{U}_m = 30 \underline{/30°}$；

$i = 5\sin(\omega t - 30°)$ 可表示为　$\dot{I}_m = 5 \underline{/-30°}$。

其最大值相量图，如图 3-16 所示。

用相量表示正弦交流电以后，它们的加、减运算就可以按平行四边行法则进行。

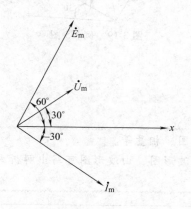

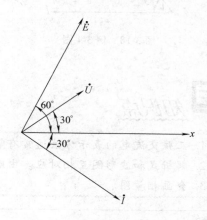

图 3-16　最大值相量图　　　　　　　　图 3-17　有效值相量图

　提醒你

> 在实际问题中遇到的都是有效值，故把相量图中各个相量的长度缩小到原来的 $1/\sqrt{2}$，这样，相量图中每一个相量的长度不再是最大值，而是有效值，这种相量叫有效值相量，用符号 $\dot{E}$、$\dot{U}$、$\dot{I}$ 表示（如图 3-17 所示），而原来最大值的相量叫最大值相量。

例 3-4　设 $u = 220\sqrt{2}\sin(\omega t + 53°)$ V，$i = 0.41\sqrt{2}\sin\omega t$ A，作电压 u 与电流 i 的相量图。

解：以电流 i 作参考相量（因 $\varphi_i = 0$）。电压和电流之间的相位差为 $\phi = 53° - 0 = 53°$，电压超前电流 53°，相量图如图 3-18 所示。

例 3-5　已知 $i_1 = 3\sqrt{2}\sin(\omega t + 30°)$ A，$i_2 = 4\sqrt{2}\sin(\omega t + 120°)$ A，求 $i = i_1 + i_2$。

解：先画出两电流的有效值相量图如图 3-19 所示：两者相位差 $\varphi = \varphi_1 - \varphi_2 = 90°$，根据平行四边行法则，两电流合成后的有效值 I_1、I_2 之间的关系为

合成后电流 $I = \sqrt{I_1^2 + I_2^2} = \sqrt{3^2 + 4^2}$ A = 5A

$$\tan\alpha = \frac{I_1}{I_2} = \frac{3}{4}　\alpha = 36.9°$$

i 的初相位　$\phi = 30° + 36.9° = 66.9°$

合成后电流 i 的表达式为 $i = i_1 + i_2 = 5\sqrt{2}\sin(\omega t + 66.9°)$　A

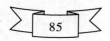

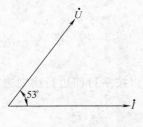

图 3-18　例 3-4 图

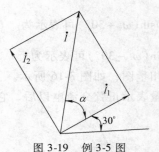

图 3-19　例 3-5 图

 知识点

1. 正弦交流电的表示方法通常有解析式、波形图、相量等。
2. 解析式和波形图互相对应。由解析式可画出波形图，由波形图可写出解析式。
3. 会画相量图。

你知道吗？　两个正弦交流电相减的计算

两个正弦交流电相减，可以按照相量与另一相量的逆相量相加的方法进行，也就是减的矢量旋转 180°以后，再进行相量相加。

 本节习题

1. 已知一正弦电动势的最大值为 220V，频率为 50Hz，初相位为 30°，试写出电动势的瞬时值表达式，并求出 $t=0.01$s 时的瞬时值。

2. 图 3-20 所示为两个同频率（$f=50$Hz）的交流电流、电压的波形图，试分别写出它们的瞬时值表达式，并比较它们的相位关系。

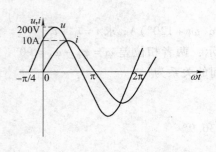

图 3-20　习题 2 图

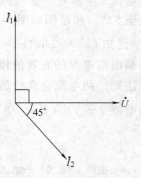

图 3-21　习题 3 图

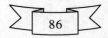

3. 在如图 3-21 所示的相量图中，已知 $U = 220\text{V}$，$I_1 = 10\text{A}$，$I_2 = 5\sqrt{2}\text{A}$，试分别写出它们的瞬时值表达式（交流电的角频率为 ω）。

4. 已知一交流电流，当 $t = 0$ 时的值 $I_0 = 1\text{A}$，初相位为 30°，则这个交流电的有效值是多少?

5. 已知 $u_1 = 8\sin\left(314t + \dfrac{\pi}{6}\right)\text{V}$，$u_2 = 6\sin(314 - 60°)\text{V}$，试用相量图法求：$u = u_1 + u_2$。

第三节　纯电阻电路

纯电阻电路，就是既没有电感也没有电容，只有线性电阻的电路交流。在日常生活和工作中接触到的白炽灯、电炉、电烙铁等交流电路都属于纯电阻电路。

一、电流与电压的关系

如图 3-22 所示的正弦交流纯电阻电路，图中箭头所指的方向是电源电压和电流的正方向。

设加在电阻两端的正弦电压为

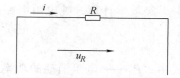

图 3-22　纯电阻电路

$$u_R = U_{R_\text{m}}\sin\omega t$$

由欧姆定律：$i = \dfrac{u_R}{R} = \dfrac{U_{R_\text{m}}\sin\omega t}{R} = \dfrac{U_{R_\text{m}}}{R}\sin\omega t = I_\text{m}\sin\omega t$

即最大值为　$I_{R_\text{m}} = \dfrac{U_{R_\text{m}}}{R}$

对于有效值有　$I_R = \dfrac{U_R}{R}$

 提醒你

纯电阻电路中，电阻两端的电压与流过电阻的电流是同相位的，如图 3-23 所示。且电压、电流的瞬时值、有效值和最大值均符合欧姆定律。

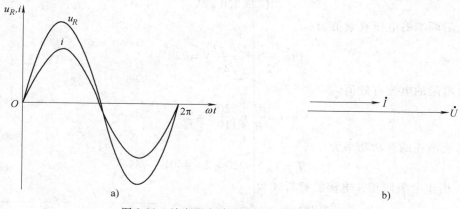

a)　　　　　　　　　　　　　　　　　　b)

图 3-23　纯电阻电路电流、电压相位关系

a）正弦交流电波形图　b）正弦交流电相量图

二、电路的功率

1. **瞬时功率**　在任一瞬间，电压与电流瞬时值的乘积叫做瞬时功率，用小写字母 p 表示。纯电阻电路的瞬时功率 p_R 为：

$$p_R = u_R i = U_{R_m} I_m \sin^2 \omega t = U_R I(1 - \cos 2\omega t)$$

瞬时功率的变化曲线如图3-24所示。由于 u 与 i 同相，所以 $p_R \geq 0$。

2. **平均功率（有用功功率）**　瞬时功率在交流电的一个周期内的平均值叫做平均功率，也称有用功功率，用大写字母 P 表示。

经数学计算，纯电阻电路的平均功率为：

$$P_R = U_R I = I^2 R = \frac{U_R^2}{R}$$

式中　P_R——电阻消耗的功率，单位为 W；

　　　U_R——电阻两端电压的有效值，单位为 V；

　　　I——流过电阻电流的有效值，单位为 A；

　　　R——电阻的阻值，单位为 Ω。

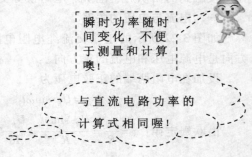

图 3-24　纯电阻电路的瞬时功率

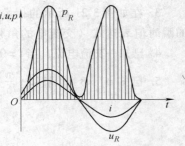

瞬时功率随时间变化，不便于测量和计算噢！

与直流电路功率的计算式相同喔！

 提醒你

　　由于 $p_R \geq 0$，表明除 $p_R = 0$ 外，在任一瞬时，电阻都从电源取用功率，起着负载的作用，故电阻是耗能元件。

例 3-6　将一个阻值为 110Ω 的电阻丝，接到 $u = 220\sqrt{2}\sin 314t$ 电源上，（1）求通过电阻丝的电流和所消耗的有用功功率 P 并写出电流的瞬时表达式；（2）画出电压、电流的相量图。

解：（1）由电源电压 $u = 220\sqrt{2}\sin 314t$ 可知

$$U_m = 220\sqrt{2}\text{V}$$

则电阻两端的电压有效值为

$$U = \frac{U_m}{\sqrt{2}} = \frac{220\sqrt{2}}{\sqrt{2}}\text{V} = 220\text{V}$$

流过电阻的电流有效值为

$$I = \frac{U}{R} = \frac{220}{110}\text{A} = 2\text{A}$$

电阻所消耗的有功功率为

$$P = U_R I = 220 \times 2 = 440\text{W}$$

（2）由于电流同相，电流的解析式为

$$i = 2\sqrt{2}\sin 314t\text{A}$$

（3）电压、电流的相量图，如图3-25所示。

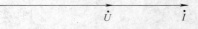

图 3-25　电压、电流的相量图

 知识点

1. 纯电阻交流电路中，电压与电流之间满足下列关系

频率关系：电压与电流同频率

相位关系：电压与电流同相位

数量关系：$i = \dfrac{u}{R}$，$I_m = \dfrac{U_m}{R}$，$I = \dfrac{U}{R}$

2. 纯电阻交流电路中，平均功率为

$$P_R = U_R I = I^2 R = \dfrac{U_R^2}{R}$$

你知道吗？　电子节能灯

　　白炽灯电路是纯电阻电路，结构简单，价格低廉，但发光强度低、寿命短、耗电量大；电子节能灯亮度高、经久耐用、节能效果好。一支 13W 的电子节能灯的亮度相当于 60W 的白炽灯，对于 $10m^2$ 的房间选用 $10 \sim 13W$ 的节能灯即可满足一般照明需要，应提倡使用。

 本节习题

1. 判断题

（1）在纯电阻电路中，端电压与电流的相位差为 0。　　　　　　　　　　（　　　）

（2）在纯电阻电路中，只有电压与电流的有效值或最大值之间才满足欧姆定律。

（　　　）

（3）在纯电阻电路中，电阻在一个周期内消耗的电功率的平均值为零。　（　　　）

（4）在纯电阻电路中，电压与电流的瞬时值之间也满足欧姆定律即有 $i = \dfrac{u_R}{R}$ 式子成立。

（　　　）

2. 填空题

（1）纯电阻正弦交流电路中，电压有效值与电流有效值之间的关系为＿＿＿＿＿＿＿＿，电压与电流在相位上的关系为＿＿＿＿＿＿＿。

（2）已知一个电阻上的电压 $u = 10\sqrt{2}\sin314t$，测得电阻消耗的有功功率为 20W，则流过电阻上电流的有效值为＿＿＿＿A，它的瞬时值表达式为＿＿＿＿＿＿A，这个电阻的电阻值为＿＿＿＿＿＿Ω。

3. 计算题

一个 220V、60W 的灯泡接在电压 $u = 200\sqrt{2}\sin(314t + 30°)$ 电源上，求（1）流过灯泡的电流；（2）写出电流的瞬时表达式；（3）灯泡消耗的功率。

第四节　电感与纯电感交流电路

一、电感

1. 电感元件　电感元件常指的是由导线绕制而成的线圈，是一种储存磁场能量的元件。常见电感元件的外形与图形符号见表 3-1。

表 3-1　常见电感线圈外形与图形符号

类　　型	电路图形符号	外形图	类　　型	电路图形符号	外形图
空心线圈电感器	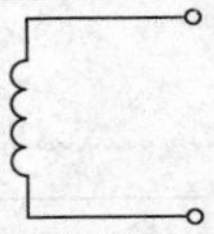		色码电感器	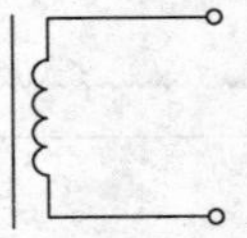	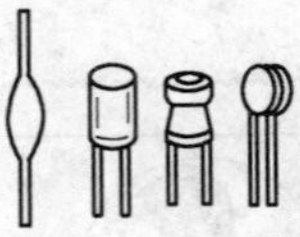
铁心线圈电感器	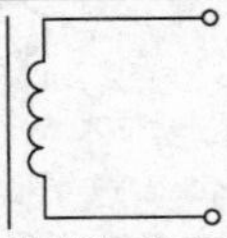				
磁心线圈电感器	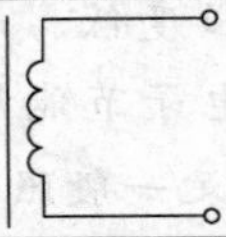		带磁心可变电感器	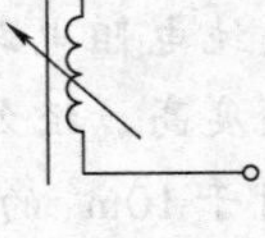	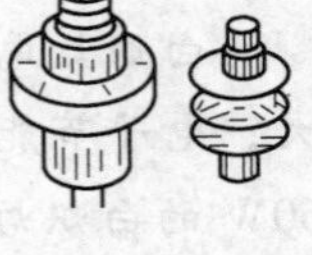

提醒你

　　电感元件有空心线圈（线圈中无铁心）和铁心线圈（线圈中有铁心）之分，其符号如图 3-26 所示。

有心线圈　　无心线圈

图　3-26

2. 自感和互感　线圈通电后会产生自感或互感，无论是自感或是互感通称为电感（L），单位为亨（H），或毫亨（mH），$1H = 10^3 mH$。

提醒你

　　自感　由于流过线圈本身的电流发生变化而引起的电磁感应现象叫做自感现象或自感应，简称自感，如图 3-27 所示。

　　互感　由于一个线圈的电流变化而在另一个线圈中产生感应电动势的现象叫做互感应现象，简称互感，如图 3-28 所示。

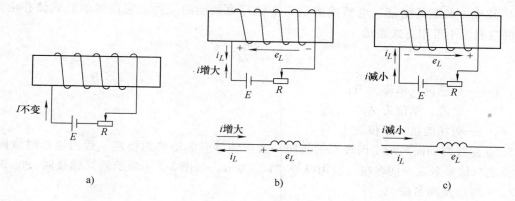

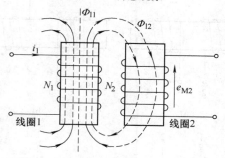

a) b) c)

图 3-27 自感现象

图 3-28 互感现象

3. 感抗 X_L 电感线圈对交流电流阻碍作用的大小称感抗，用 X_L 表示，单位是欧姆（Ω）。它与电感量 L 和交流电频率 f 的关系为

$$X_L = 2\pi f L = \omega L$$

式中　X_L——感抗，单位为 Ω；

　　　　f——电源频率，单位为 Hz；

　　　　ω——电源角频率，单位为 rad/s；

　　　　L——自感量，单位为 H。

电感线圈具有"通直阻交"的作用！

 提醒你

　　　线圈对直流电和对交流电的阻碍作用是不同的。如图 3-29 所示电路中，当双掷开关 S 接通直流电源（$f=0$）时，灯泡的亮度较亮；接通交流电源（直流电源和交流电源的有效值相等）时，灯泡明显变暗。由此可知电感线圈具有"通直流，阻交流"的作用。

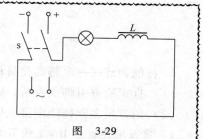

图 3-29

4. 线圈中的磁场能量 电感线圈是一个储存磁场能的元件。它以磁的形式储存电能，储存的电能大小可用下式表示

$$W_L = \frac{1}{2}LI^2$$

式中 L——自感量，单位为 H；

I——电流，单位为 A；

W_L——磁场能量，单位为 J。

5. 互感线圈的同名端 因线圈的绕向一致而使感应电动势的极性一致的端点叫做同名端，反之叫做异名端。同名端一般用符号"●"表示。如图 3-30a 所示的互感线圈，1、3 端（或 2、4 端）是同名端。

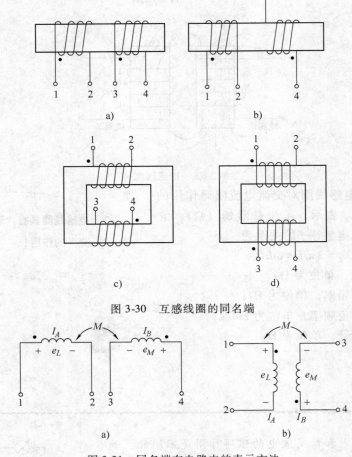

图 3-30 互感线圈的同名端

图 3-31 同名端在电路中的表示方法

6. 技能训练——电感器简易检测

（1）直观检查引脚是否断、磁心是否松动、绝缘材料是否破损或烧焦。

（2）用万用表欧姆档测量电感器的直流电阻来判断短路或断路等情况

1）将万用表置于 R×1 或 R×10Ω 档，进行调零。

2）将万用表的红、黑表笔分别接在电感线圈的两端，观察万用表指针的偏转情况，如

图 3-32 所示。

3）一般电感器的电阻值很小（零点几欧到几欧），对于匝数较多、线径较细的线圈，其直流电阻值为几百欧；

4）若万用表指针偏转至最右端，即电阻值为零，说明电感线圈内部短路；

5）若表指针未偏转，即阻值为 ∞，说明电感线圈内部开路。

二、纯电感交流电路

由电阻值很小（可忽略不计）的电感线圈组成的交流电路，可近似看成是纯电感电路。如图 3-33 所示。

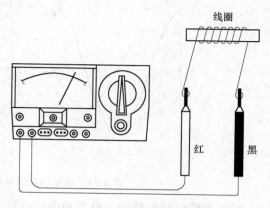

图 3-32　万用表测量电感器直流电阻示意图

1. 电流与电压的关系　当电感线圈 L 中通以正弦电流 i 时，便在其中产生自感电动势 e_L。若电流 i、自感电动势 e_L 和电源电压 u_L 的正方向如图 3-31 所示时，则有

$$u_L = -e_L = L\frac{\Delta i}{\Delta t}$$

上式表明，电感线圈两端电压的瞬时值 u_L 与流过线圈中电流的变化率 $\dfrac{\Delta i}{\Delta t}$ 成正比。

图 3-33　纯电感电路

设流过电感线圈的正弦电流为

$$i = I_m\sin\omega t$$

经数学运算，证明电感线圈两端的电压为

$$u_L = \omega L I_m\sin(\omega t + 90°) = U_{L_m}\sin(\omega t + 90°)$$

即，纯电感电路中，电压 u_L 与电流 i 的频率相同，两者的相位差 $\Delta\varphi = \varphi_u - \varphi_i = 90°$。

提醒你

相位差 $\Delta\varphi = \varphi_u - \varphi_i = 90°$，说明 u_L 超前 i 90°。电压 u_L 与电流 i 的波形图和相量图分别如图 3-34a、b 所示。

因

$$U_{L_m} = \omega L I_m \quad\text{或}\quad I_m = \frac{U_{L_m}}{\omega L}$$

两边同除以 $\sqrt{2}$，可得

$$U_L = \omega L I \quad\text{或}\quad I = \frac{U_L}{\omega L}$$

而

$$X_L = \omega L = 2\pi f L$$

则有

$$I_m = \frac{U_{L_m}}{X_L} \qquad I = \frac{U_L}{\omega L}$$

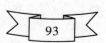

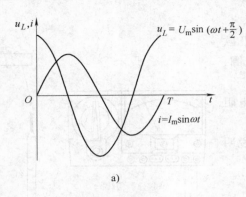

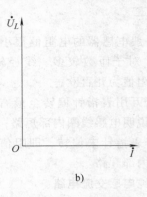

a)　　　　　　　　　　　　　　　　b)

图 3-34　纯电感电路电流与电压的波形图和相量图

说明在纯电感电路中，电流和电压的最大值及有效值与 X_L 之间符合欧姆定律。

 提醒你

在纯电感电路中，电压与电流的瞬时值在相位上不同，故电流与电压瞬时值之间不符合欧姆定律，即 $i \neq \dfrac{u_L}{X_L}$。

2. 电路的功率

（1）瞬时功率。在纯电感电路中，瞬时功率 p_L 为

$$p_L = u_L i = U_{L_m}\sin(\omega t + 90°) = I_m \sin\omega t$$

$$= U_{L_m} I_m \sin\omega t \cos\omega t = \frac{1}{2} U_{L_m} I_m \sin 2\omega t$$

瞬时功率的变化曲线如图 3-35 所示。可见纯电感电路的瞬时功率 p_L 随时间按正弦规律变化，其变化频率是电流频率的两倍。

（2）平均功率（有功功率）。瞬时功率在一个周期内的平均功率等于零，即：$P_L = 0$。即，电感是储能元件，它在电路中不消耗电能，只与电源之间进行能量交换。

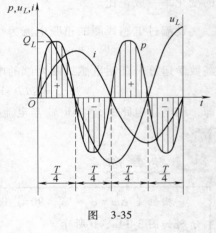

图 3-35

 提醒你

交流电周而复始地变化，电感线圈中的能量也在进行着储存→释放→储存的过程：p_L 为正值时，电感线圈中的电流 i 增大，电感吸收电源的电能并以磁能的形式储存；当 p_L 为负值时，电感线圈中的电流 i 减小，电感把储存的磁能又转换为电能送回电源，此时，线圈又起着一个电源的作用。

（3）无功功率。无功功率反映的是电感线圈与电源间能量交换的规模，用符号 Q_L 表

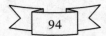

示，其大小等于瞬时功率的最大值，即

$$Q_L = U_L I = I^2 X_L = \frac{U_L^2}{X_L}$$

无功功率的单位是乏（var）、千乏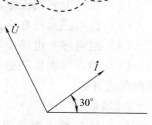
（kvar）。

$$1\,\mathrm{kvar} = 10^3\,\mathrm{var}$$

无功功率不是无用功率哦！

例 3-7 把一个 $L = 63.5\mathrm{mH}$ 的电感线圈（其直流电阻不计）接在 $U = 220\sqrt{2}\sin(314t + 120°)$ 的电源上。试求：（1）电流 I 并写出其解析式；（2）无功功率；（3）画出电压和电流的相量图。

解： $X_L = \omega L = 314 \times 63.5 \times 10^{-3}\,\Omega \approx 20\Omega$

（1）电流有效值为 $I = \dfrac{U_L}{\omega L} = \dfrac{220}{20} = 11\mathrm{A}$

图 3-36 例 3-7 图

电流的解析式为 $i = 11\sqrt{2}\sin(314t + 30°)$ A

（2）无功功率为 $Q_L = UI = 220 \times 11 = 2420\mathrm{var} = 2.42\mathrm{kvar}$

（3）相量图如图 3-36 所示。

 知识点

1. 电感是一种能储存磁场能量的元件。

2. 电感的特性是"通直阻交"，通低频阻高频。

3. 纯电感交流电路中，电压与电流之间满足下列关系

　　频率关系：电压与电流同频率

　　相位关系：电压超前电流 90°

　　数量关系：$I_m = \dfrac{U_m}{X_L}$　$I = \dfrac{U}{X_L}$　$X_L = \omega L$

4. 纯电感交流电路中，平均功率为：$P = 0$；无功功率为：$Q_L = U_L I = I^2 X_L = \dfrac{U_L^2}{X_L}$

 你知道吗？ **汽车发动机点火要靠互感作用**

　　发动机的点火装置很巧妙地利用了互感作用。用很细的漆包线绕在铁心上几千至几万匝作为二次绕组，外面再用粗的漆包线绕几十匝作为一次绕组并且用蓄电池供电。用断续接点接通电流后断开，在电流切断的瞬间在二次绕组上产生很高的互感电压，击穿火花塞的间隙产生火花。电火花引燃汽缸内燃料的混合气爆燃，使活塞运动，然后驱动汽车行驶。

本节习题

1. 判断题

（1）在纯电感交流电路中，端电压超前电流90°。　　　　　　　　　（　　）

（2）在纯电感交流电路中，电感元件具有通直流阻交流功能。　　　　（　　）

（3）纯电感元件在直流电路中相当于开路。　　　　　　　　　　　　（　　）

（4）纯电感在电路中不消耗有功功率，但要消耗无功功率。　　　　　（　　）

（5）用万用表检测电感线圈时，若表针指针一直指向如图3-37的位置，则表明电感线圈内部已开路。

2. 填空题

（1）纯电感正弦交流电路中，电压有效值与电流有效值之间的关系为＿＿＿＿＿＿＿＿＿，电压与电流在相位上的关系为＿＿＿＿＿＿＿＿＿。

（2）感抗是表示＿＿＿＿＿＿＿，感抗与频率成＿＿＿＿比，其值 $X_L = $ ＿＿＿＿＿，单位是＿＿＿＿＿＿。

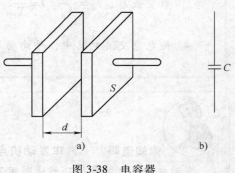

图3-37　习题1（5）图

（3）在正弦交流电路中，已知流过电感元件的电流 $I = 10A$，电压 $u = 20\sqrt{2}\sin 1000t$，则电流 $i = $ ＿＿＿＿＿＿＿＿，感抗 $X_L = $ ＿＿＿＿＿，电感 $L = $ ＿＿＿＿＿＿＿＿＿，无功功率 $Q_L = $ ＿＿＿＿＿＿＿＿。

3. 计算题

流过 $L = 1H$ 电感元件的电流 $i = 2\sqrt{2}\sin(314 + 30°)$，试求：（1）感抗 X_L；（2）电压有效值 U_L 及其瞬时表达式；（3）电路的有功功率和无功功率。

第五节　电容与纯电容交流电路

一、电容器

1. 电容器的基本知识

（1）电容器是储存电荷的容器。从结构上看,电容器是由两个金属板中间隔以绝缘介质构成。这两个金属板叫做电容器的两个极板。如图3-38a 所示是平行板电容器的结构示意图,如图3-38b 所示是其符号。

电容器的种类很多,如图3-39 所示是一些常用电容器的外形图和电路图符号。

（2）电容量是指电容器任一极板上所储存的电荷量 Q 与两极板间电压 U 的比值,简称电容,用符号 C 表示,即 $C = \dfrac{Q}{U}$。

图3-38　电容器

a）平行板电容器　b）符号

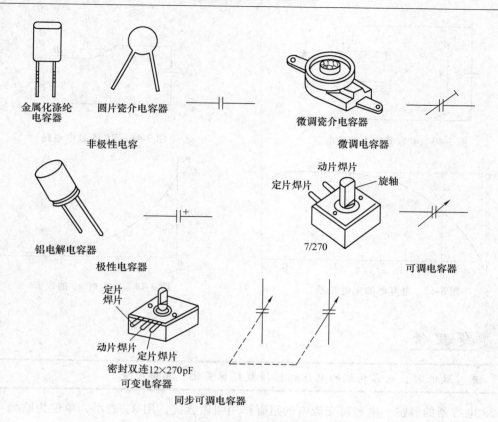

图 3-39　常用电容器外形图和电路图符号

电容量的单位是法拉，简称法，用符号 F 表示。常用的还有微法（μF）、皮法（pF）等。

$$1F = 10^3 \mu F = 10^6 pF$$

 提醒你

电容量是电容器的固有参数，其大小取决于电容器两极板的几何尺寸、相对位置以及两极板之间介质的性质，与电容器两端的电压和任一极板所带电荷量无关。即对某一固定的电容器来说，比值 $\dfrac{Q}{U}$ 是一常数。

2. 电容器的充、放电

将电容器接入直流电源，如图 3-40 所示。使电容器两极板带上等量异号电荷的过程叫做电容器的充电，如图 3-41 所示，开关 S 由位置 2 切换到位置 1 端时，电源 U_{CC} 对电容充电。

充电时电容器两端的电压按指数规律变化，如图 3-42 所示。

使电容器两极板所带正负电荷中和的过程叫做电容器的放电。

放电时电容器两端的电压也按指数规律变化，如图 3-43 所示。

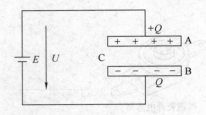
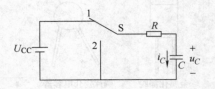

图 3-40　电容器接入直流电源　　　　　　图 3-41　RC 充放电电路

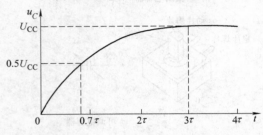
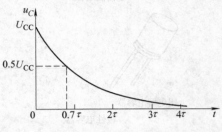

图 3-42　电容器的充电波形　　　　　　图 3-43　放电时 u_C 的波形

 提醒你

充、放电时，电容两端的电压都按指数规律变化，不能突变。

3. **电容器的容抗**　电容对交流电的阻碍作用叫做容抗，用 X_C 表示，单位为欧姆（Ω）。

容抗的大小

$$X_C = \frac{1}{2\pi f C} = \frac{1}{\omega C}$$

式中　X_C——容抗，单位为 Ω；

　　　f——频率，单位为 Hz；

　　　C——电容容量，单位为 F；

　　　ω——角频率，单位为 rad/s。

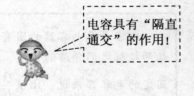
电容具有"隔直通交"的作用！

 提醒你

由容抗的公式可知，当电容 C 一定时，交流电的频率越高，容抗就越小，对交流电流的阻碍作用越小，通常称为"通交"；对直流电而言，由于频率 $f = 0$，故 $X_C \to \infty$，电容在稳恒直流电作用下可视为开路，通常称为"隔直"。所以，电容的作用是"隔直通交"。

4. **电容的串、并联**

（1）电容串联的结果，总电容减小，总的耐压增大。所以当单个电容耐压小于外电压

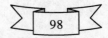

时，可通过多个电容的串联获得较大耐压。如图 3-44 所示。

图 3-44　电容的串联

$$\frac{1}{C} = \frac{1}{C_1} + \frac{1}{C_2}$$

电容器串、并联的目的，一是增大或减小电容量，二是提高电容的耐压！

（2）电容并联的结果，总电容增大。如图 3-45 所示。

图 3-45　电容的并联

$$C = C_1 + C_2$$

提醒你

电容并联电路中，各个电容所承受的电压相等，所以等效电容的耐压值为电路中耐压最小的电容耐压值。

5. 技能训练——用万用表对电容器质量进行简易检测

较大容量电容器（电容量 1μF 以上）的检测

（1）量程选择，将万用表的转换开关拨至欧姆档 R×100 或 R×1k 量程。（注意调零）

（2）把万用表的两个表笔分别与电容器的两个电极相接触。

① 若万用表的指针向小电阻方向摆动，然后慢慢回摆至"∞"，说明电容器的质量良好，如图 3-46a 所示。

a)　　　　　　　　　　　　b)

图 3-46　电容器质量的检测（1）
a）良好　b）漏电

② 若万用表的指针向小电阻方向摆动，然后不能回摆至"∞"，而停在某一位置上，说明电容器有漏电现象，如图3-46b所示。

③ 若万用表的指针立即指到"0"位置上不回摆，说明电容器内部短路，如图3-47a所示。

④ 若万用表的指针始终停在"∞"位置上不摆动，说明电容器内部断路，如图3-47b所示。

a)　　　　　　　　　　　　b)

图 3-47　电容器质量的检测（2）

a）短路　b）断电

二、纯电容交流电路

由介质损耗很小、绝缘电阻很大的电容器组成的交流电路，可近似的看成是纯电容电路，如图3-48所示。

1. 电流与电压的关系　电容器在交流电压的作用下不断地反复充放电，从而使电路不断有充放电电流流过，即

$$i = C \frac{\Delta u_C}{\Delta t}$$

图 3-48　纯电容电路

上式表明，纯电容电路中的电流瞬时值 i 与电容两端电压的变化频率 $\frac{\Delta u_C}{\Delta t}$ 成正比，而不是与电压 u_C 成正比。

设加在电容器两端的电压为

$$u_C = U_{C_m} \sin\omega t$$

经数学运算，证明流过电容器的电流为

$$i = \omega C U_{C_m} \sin (\omega t + 90°) = I_m \sin (\omega t + 90°)$$

即，纯电容电路中，电压 u_C 与电流 i 的频率相同，两者的相位差 $\Delta\varphi = \varphi_u - \varphi_i = -90°$。

提醒你

相位差 $\Delta\varphi = \varphi_u - \varphi_i = -90°$，电压 u 与电流 i 正交，且 u_C 滞后 i 90°。电压 u_C 与电流 i 的波形图和相量图分别如图 3-49a、b 所示。

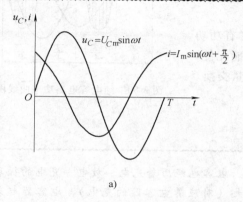

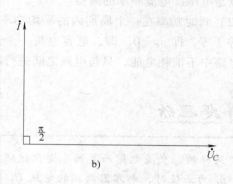

图 3-49 纯电容电路电流、电压波形图

a）波形图　b）相量图

因

$$I_m = \omega C U_{C_m} = \frac{U_{C_m}}{\frac{1}{\omega C}}$$

把上式两边同除以 $\sqrt{2}$，可得

$$I = \omega C U = \frac{U}{\frac{1}{\omega C}}$$

而

$$X_C = \frac{1}{2\pi fc} = \frac{1}{\omega C}$$

则

$$I_m = \frac{U_{C_m}}{X_C} \qquad I = \frac{U_C}{X_C}$$

说明在纯电容电路中，电流和电压的最大值及有效值与 X_C 之间也符合欧姆定律。

提醒你

在纯电容电路中电压与电流的瞬时值的相位不同，故电压与电流瞬时值之间不符合欧姆定律，即 $\boxed{i \neq \dfrac{u_C}{X_C}}$。

2. 电路的功率

（1）在纯电容电路中，瞬时功率 p_C 为

$$p_C = u_c i = U_{C_m}\sin\omega t I_m \sin(\omega t + 90°) = U_{C_m} I_m \sin\omega t\cos\omega t$$

$$= \frac{1}{2}U_{C_m} I_m \sin2\omega i = UI\sin2\omega t$$

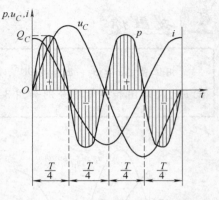

图 3-50　纯电容电路功率曲线图

瞬时功率的变化曲线如图 3-50 所示。可见纯电容电路的瞬时功率 p_C 随时间也按正弦规律变化，其变化频率也是电压、电流频率的两倍。

（2）瞬时功率在一个周期内的平均功率（有功功率）等于零，即 $p_C = 0$。即，电容也是一个储能元件，它在电路中不消耗电能，只与电源之间进行能量交换。

提醒你

　　同样的，交流电周而复始地变化过程中，电容也经历着充电→放电→充电的循环过程：p_C 为正值时，电容器两端的电压 U_C 增大（对应着电容器的充电），电容器起着一个负载的作用。当 p_C 为负值时，电压 U_C 减小（对应着电容器的放电），电容器又起着一个电源的作用。

（3）无功功率反映电容器与电源进行能量交换的规模，用符号 Q 表示，其大小也等于瞬时功率的最大值，即

$$Q_C = UI = I^2 X_C = \frac{U_C^2}{X_C}$$

例 3-8　把一个 $C = 80\mu F$ 的电容器接在 $u = 220\sqrt{2}\sin(314t + 30°)$ 的电源上。试求：（1）电流相量并写出其解析式；（2）无功功率；（3）画出电压和电流的相量图。

解：$X_C = \dfrac{1}{\omega C} = \dfrac{1}{314 \times 80 \times 10^{-6}}\Omega \approx 40\Omega$

（1）电流有效值为　$I = \dfrac{U}{X_C} = \dfrac{220}{40}A = 5.5A$

电流的初相位　$\varphi_i = 90° + \varphi_u = 120°$

电流的解析式　$i = 5.5\sqrt{2}\sin(314t + 120°)$

（2）无功功率　$Q_C = U_C I = 220 \times 5.5 var = 1210var$

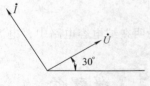

图 3-51　例 3-8 图

（3）画出电压和电流的相量图，如图 3-51 所示。

知识点

1. 电容是储存电荷的容器。

2. 电容可以充电、放电。它的特性是"隔直通交"。

3. 纯电容交流电路中，电压与电流之间满足下列关系

频率关系：电压与电流同频率

相位关系：电压滞后电流90°

数量关系：$I_m = \dfrac{U_m}{X_C}$　　$I = \dfrac{U}{X_C}$　　$X_C = \dfrac{1}{\omega C}$

4. 纯电容交流电路中，平均功率为 $P = 0$

无功功率　$Q_C = U_C I = I^2 X_C = \dfrac{U_C^2}{X_C}$

你知道吗？　电容的标称及识别方法

1. 直接标称，分为直接标称法和不标单位直接标称。直接标称法如 0.01μ、$10n$ 等分别表示电容量为 $0.01\mu F$ 和 $10nF$；不标单位直接标称是用 $1\sim4$ 位数字表示，容量单位为 pF，如数字 350 为 350pF。

2. 数字代码表示，与电阻器一样，使用 2 位有效数字 + 乘数数字代码，容量单位为 pF，如"223"为 $22 \times 10^3 pF = 2200pF$。

3. 色码标称法，色带与电阻器表示一样，第一、第二色环表示电容量的有效数字，第三色环表示有效数字后零的个数，容量单位为 pF，如"橙橙红"为 3300pF。

本节习题

1. 判断题

（1）任何两个导体之间都存在电容。　　　　　　　　　　　　　　　　　　　（　　）

（2）由电容量计算公式 $C = \dfrac{Q}{U_C}$ 可知，电容器的电容量要随着它所带的电荷量的多少而发生变化。　　　　　　　　　　　　　　　　　　　　　　　　　　　　　　　（　　）

（3）将"$15\mu F$，$50V$"和"$5\mu F$，$50V$"的两个电容器串联，那么电容器的额定工作电压应为 $100V$。　　　　　　　　　　　　　　　　　　　　　　　　　　　　　（　　）

（4）将"10μF，20V"和"3μF，10V"的两个电容器并联，那么电容器的额定工作电压应为10V。 （　　）

（5）有两个电容器，且 $C_1 > C_2$，如果它们所带的电量相等，则 C_1 两端的电压较高。 （　　）

（6）某元件两端的电压 $u = 220\sqrt{2}\sin(314t - 30°)$，通过它的电流 $i = 10\sqrt{2}\sin(314t + 60°)$，则可判断该元件为纯电容元件。 （　　）

2. 填空题

（1）电容器在电路和电器中应用的基本原理是电容器具有_____和_____的特性。

（2）纯电容正弦交流电路中，电压有效值与电流有效值之间的关系为_____，电压与电流在相位上的关系为_____。

（3）容抗是表示_____，容抗与频率成_____比，其值 X_C = _____，单位是_____。

（4）在正弦交流电路中，已知流过电容元件的电流 $I = 10\text{A}$，电压 $u = 20\sqrt{2}\sin1000t$，则电流 i = _____，容抗 X_C = _____，电容 C = _____，无功功率 Q_C = _____。

3. 计算题

（1）如图 3-52 所示，$C_1 = 15\mu\text{F}$，$C_2 = 10\mu\text{F}$，$C_3 = 30\mu\text{F}$，$C_4 = 60\mu\text{F}$。试求 AB 间的等效电容。

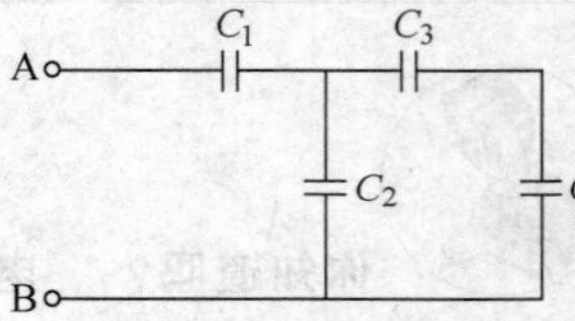

（2）电容为 3000pF 的电容器带电 $1.8 \times 10^{36}\text{C}$ 后，撤去电源，再把它跟电容为 1500pF 的电容器并联，求每个电容器所带的电荷量。

（3）把一个电容器接到 $u = 220\sqrt{2}\sin$ 的电源上，测得流过

图 3-52　习题 3（5）图

电容器上的电流为 20A，现将这个电容器接到 $u = 330\sqrt{2}\sin(628t + 30°)$ 的电源上，试求：①电容中电流 I 并写出电流的瞬时表达式；②电路的有功功率和无功功率；③作出电压和电流的相量图。

第六节　电阻、电感、电容的串联电路

一、电路形式

由电阻、电感和电容串联所组成的电路，称为 RLC 串联电路，如图 3-53 所示。

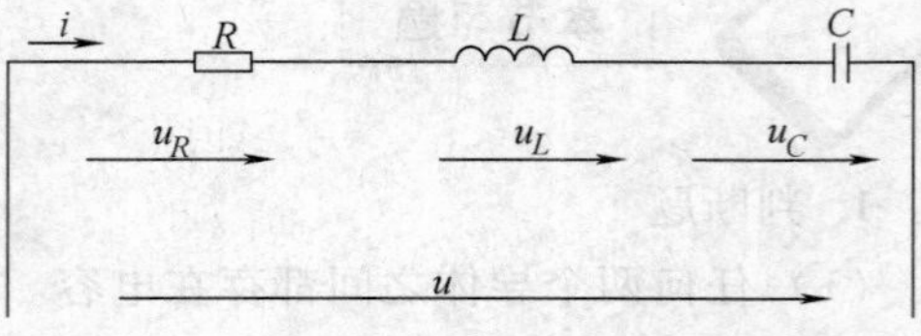

设通过此电路中的正弦电流为

$$i = I_m\sin\omega t$$

则 R、L、C 上产生的电压分别为

$$u_R = I_m R\sin\omega t$$

图 3-53　RLC 串联电路

$$u_L = I_m X_L\sin(\omega t + 90°)$$

$$u_C = I_m X_C\sin(\omega t - 90°)$$

电路两端的总电压为 $\qquad u = u_R + u_L + u_C$

提醒你

　　总电压与各分电压之间瞬时值满足代数式，有效值不满足代数式，即 $U \neq U_R + U_L + U_C$，而是满足相量和。

二、电压与电流的关系

　　1. 相位关系　串联电路中电流相等，电流与电压的频率都相同，电流与电压的相量图如图 3-54 所示。

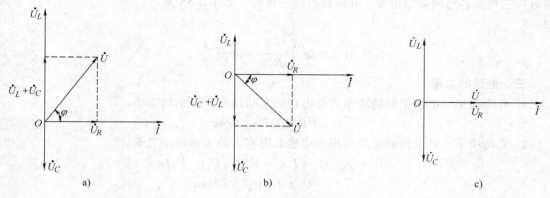

图 3-54　RLC 串联电路中电流与电压的相量图
a）$\varphi > 0$　b）$\varphi < 0$　c）$\varphi = 0$

由图 3-54 所示，可得下列三种情况

　　（1）当 $X_L > X_C$，$U_L > U_C$，如图 3-54a 所示，端电压超前电流 φ 角，此时电路呈电感性，称为电感性电路。端电压 u 与电流 i 的相位差为

$$\varphi = \varphi_u - \varphi_i = \operatorname{arctg} \frac{U_L - U_C}{U_R} > 0$$

　　（2）当 $X_L < X_C$，$U_L < U_C$，如图 3-54b 所示，端电压滞后电流 φ 角，此时电路呈电容性，称为电容性电路。端电压 u 与电流 i 的相位差为

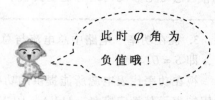

此时 φ 角为负值哦！

$$\varphi = \varphi_u - \varphi_i = \operatorname{arctg} \frac{U_L - U_C}{U_R} < 0$$

　　（3）当 $X_L = X_C$，$U_L = U_C$，如图 3-54c 所示，端电压等于电阻两端的电压 $U = U_R$，此时电路呈电阻性。端电压 u 与电流 i 的相位差为

$$\varphi = \varphi_u - \varphi_i = 0$$

电路的这种状态叫做串联谐振。

　　2. 数量关系　端电压与各分电压间的有效值（或最大值）满足电压三角形，如图 3-55 所示，其中，$U_X = |U_L - U_C|$。

于是可得 $U = \sqrt{U_R^2 + (U_L - U_C)^2}$。

将 $U_R = IR$，$U_L = IX_L$，$U_C = IX_C$ 代入上式，得

$$U = I\sqrt{R^2 + (X_L + X_C)^2} = I|Z|$$

或，$I = \dfrac{U}{|Z|}$

满足欧姆定律。式中，$|Z| = \sqrt{R^2 + (X_L - X_C)^2}$
叫做电路的阻抗，单位是欧姆（Ω）。

感抗和容抗之差叫做电抗，用 X 表示，即 $X = X_L - X_C$，单位为欧姆（Ω）。故得

$$|Z| = \sqrt{R^2 + X^2}$$

将电压三角形各边同除以电流 I 可得到阻抗三角形，如图 3-55 所示。
即

$$\varphi = \operatorname{arctg}\frac{X_L - X_C}{R} = \operatorname{arctg}\frac{X}{R}$$

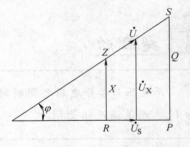

图 3-55　阻抗、电压、功率三角形

三、电路的功率

1. 有功功率　电阻消耗的功率为总电路的有功功率，即平均功率。

$$P = I^2 R = U_R I = UI\cos\varphi$$

2. 无功功率　总电路的无功功率为电感和电容上的无功功率之差。

$$Q = Q_L - Q_C = I^2 X_L - I^2 X_C = U_L I - U_C I$$
$$= (U_L - U_C)I = U_X I = UI\sin\varphi$$

提醒你

当 $X_L > X_C$ 时，Q 为正，表示电路中为感性无功功率；当 $X_L < X_C$ 时，Q 为负，表示电路中为容性无功功率；当 $X_L = X_C$ 即 $X = 0$，无功功率 $Q = 0$，电路处于谐振状态，只有电感与电容之间进行能量交换。

3. 视在功率　电路中总电流与总电压有效值的乘积叫做电路的视在功率，用符号 S 表示，即 $S = UI$。

视在功率代表电源所能提供的功率，单位为伏安（VA）、千伏安（kVA）。许多电气设备用它表示其额定容量。$1\text{kVA} = 10^3\text{VA}$。

视在功率、有功功率、无功功率组成的功率三角形，$S = \sqrt{P^2 + Q^2}$，如图 3-55 所示。

4. 功率因数　有功功率与视在功功率之比称为功率因数，用 $\cos\varphi$ 表示，即：

$$\cos\varphi = \frac{P}{S} = \frac{U_R}{U} = \frac{R}{|Z|}$$

例 3-9　在 RLC 串联电路中，已知电路端电压 $U = 220\text{V}$，电源频率 $f = 50\text{Hz}$，电阻 $R = 30\Omega$，电感 $L = 445\text{mH}$，电容 $C = 32\mu\text{F}$。求（1）电路中的电流大小；（2）端电压和电流之间的相位差；（3）电阻、电感和电容两端的电压。

解：（1）先计算感抗，容抗和阻抗。

$$X_L = 2\pi fL = 2 \times 3.14 \times 50 \times 0.445\Omega \approx 140\Omega$$

$$X_C = \frac{1}{2\pi fC} = \frac{1}{2 \times 3.14 \times 50 \times 32 \times 10^{-6}}\Omega \approx 100\Omega$$

$$|Z| = \sqrt{R^2 + (X_L - X_C)^2} = \sqrt{30^2 + (140 - 100)^2}\Omega = 50\Omega$$

所以

$$I = \frac{U}{|Z|} = \frac{220}{50}A = 4.4A$$

（2）端电压和电流之间的相位差是

$$\varphi = \text{arctg}\frac{X_L - X_C}{R} = \text{arctg}\frac{140 - 100}{30} = 53.1°$$

因为 $X_L > X_C$，所以 $\varphi > 0$，电路呈电感性。

（3）电阻、电感和电容两端的电压分别是

$$U_R = IR = 4.4 \times 30V = 132V$$

$$U_L = IX_L = 4.4 \times 140V = 616V$$

$$U_C = IX_C = 4.4 \times 100V = 440V$$

四、RLC 串联电路的二个特例

1. 当电路中 $X_C = 0$，即 $U_C = 0$，这时电路就是 RL 串联电路，普通的荧光灯电路就是 RL 串联电路，其相量图如图 3-56 所示。

端电压与电流的数值关系为

$$U = \sqrt{U_R^2 + U_L^2} = I\sqrt{R^2 + X_L^2} = I|Z|$$

或

$$I = \frac{U}{|Z|}$$

式中

$$|Z| = \sqrt{R^2 + X_L^2}$$

阻抗 $|Z|$，电阻 R 和感抗 X_L 也构成一阻抗三角形，如图 3-57 所示。

RLC 串联电路中，去掉电容 C 项就可以！

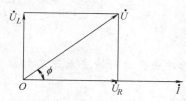

图 3-56　RL 串联电路相量图

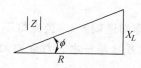

图 3-57　电阻和感抗构成的阻抗三角形

提醒你

在 RLC 串联电路中，去掉含有电容的 C 项，所有的公式计算就是 RL 串联电路的公式。

2. 当电路中 $X_L = 0$，即 $U_L = 0$，这时电路就是 RC 串联电路，其相量图如图 3-58 所示。

端电压与电流的数值关系为 $U = \sqrt{U_R^2 + U_C^2} = I\sqrt{R^2 + X_C^2} = I\mid Z\mid$

或 $$I = \frac{U}{\mid Z\mid}$$

式中 $$\mid Z\mid = \sqrt{R^2 + X_C^2}$$

阻抗 $\mid Z\mid$、电阻 R 和容抗 X_C 也构成一阻抗三角形，如图 3-59 所示

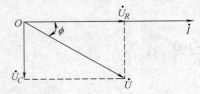
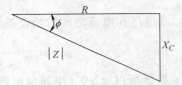

图 3-58　RC 串联电路相量图　　　　　　　图 3-59　电阻和容抗构成的阻抗三角形

知识点

1. RLC 串联电路中，总电压与分电压之间满足下列关系 $U = \sqrt{U_R^2 + (U_L - U_C)^2}$

2. 电流与电压之间满足 $I = \dfrac{U}{\mid Z\mid}$　　$\mid Z\mid = \sqrt{R^2 + (X_L - X_C)^2}$

3. 有功功率　$P = I^2 R = U_R I = UI\cos\varphi$

　无功功率　$Q = Q_L - Q_C = I^2 X_L - I^2 X_C = U_L I - U_C I = UI\sin\varphi$

　视在功率　$S = UI$

你知道吗？　荧光灯不宜频繁开关

荧光灯每启动一次，灯管内的灯丝都要受到高压的冲击，这种冲击加速了灯丝上发射物质的消耗。

据试验分析，荧光灯每启动一次，灯丝发射物质的损耗相当于正常工作两小时以上的损耗。因此，如果荧光灯开关次数频繁，使用寿命将大大缩短。

本节习题

1. 判断题

（1）在 RLC 串联电路中，若 $X_L > X_C$，则电路为电感性电路。（　　　　）

（2）某电路两端的端电压为 $u = 220\sqrt{2}\sin(314t+30°)$，电路中的总电流为 $i = 10\sqrt{2} \times \sin(314t-30°)$，则该电路为电容性电路。（　　）

（3）RLC 串联交流电路的功率因数的大小，由电路负载电阻和阻抗的比值决定，与电压的大小无关。（　　）

（4）电压三角形、阻抗三角形和功率三角形都是相似三角形。（　　）

（5）在 RLC 电路中，各元件上的电压都不会大于总电压。（　　）

2. 填空题

（1）在 RLC 串联正弦交流电路中，总电压与电流有效值之间的关系式为＿＿＿＿＿＿，总电压与电流的相位差 $\varphi = $ ＿＿＿＿＿＿，电路的阻抗为＿＿＿＿＿＿Ω。

（2）如图 3-60 所示，已知电压表 V_1 的读数为 8V，V_2 的读数为 6V，则电压表 V 的读数为＿＿＿＿＿＿。

（3）如图 3-61 所示，RLC 串联正弦交流电路中，已知 V_2 读数为 3V，V_5 读数为 9V，V_4 读数为 5V，则 V_3 读数为＿＿＿＿＿＿V，V_1 的读数为＿＿＿＿＿＿V。

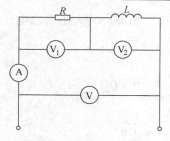

图 3-60　习题 1（2）图

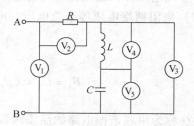

图 3-61　习题 1（3）图

（4）在 RL 串联正弦交流电路中，已知电阻 $R = 6Ω$，感抗 $X_L = 8Ω$，则阻抗 $|Z| = $ ＿＿＿＿＿＿Ω。

（5）在 RLC 串联正弦交流电路中，当 X_L ＿＿＿＿＿＿ X_C 时，电路呈感性，当 X_L ＿＿＿＿＿＿ X_C 时，电路呈容性；当 X_L ＿＿＿＿＿＿ X_C 时，电路发生谐振。

3. 在 RLC 串联电路中，由已知条件求电路的未知电压和电流。

（1）$U_R = 6V$，$U_L = 14V$，$U = 10V$，$U_L = ?$

（2）$R = 4Ω$，$X_L = 7Ω$，$X_C = 10Ω$，若 $U = 5V$，U_L、U_L、I 各为多少？

4. 在 RLC 串联电路中，已知 $R = 8Ω$，$X_L = 12Ω$，$X_C = 6Ω$，若接入频率为 50Hz、电压为 220V 的交流电源，试求：（1）电路的总阻抗和电流 I；（2）电路中各元件的电压降；（3）电路的有功功率、无功功率、视在功率及功率因数。

第七节　串联谐振电路

一、串联谐振的定义和条件

1. 定义　在电阻、电感、电容串联的电路中，当电路端电压和电流同相时，电路呈电阻性，电路的这种状态叫做串联谐振。

2. 条件　RLC 串联电路谐振的条件为 $X_L = X_C$

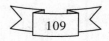

即
$$\omega_0 L = \frac{1}{\omega_0 C}$$

或
$$\omega_0 = \frac{1}{\sqrt{LC}}$$

$$f_0 = \frac{1}{2\pi \sqrt{LC}}$$

f_0 称为谐振频率。可见，当电路的参数 L 和 C 一定时，谐振频率也就确定了。如果电源的频率一定，可以通过调节 L 和 C 的大小来实现谐振。

二、串联谐振的特点

（1）串联谐振时，因 $X_L = X_C$，故谐振时电路的阻抗为 $|Z_0| = R$，值最小，且为纯电阻。

（2）串联谐振时，因阻抗最小，在电源电压 U 一定时，电流最大 $I_0 = \dfrac{U}{|Z_0|} = \dfrac{U}{R}$，由于电路呈纯电阻性，故电流与电源电压同相时，其相位差 $\varphi = 0$。

（3）电阻两端电压等于总电压，电感和电容两端的电压相等，其大小为总电压的 Q 倍，即

$$U_R = RI_0 = R\frac{U}{R} = U$$

$$U_L = U_C = X_L I_0 = X_C I_0 = \frac{\omega_0 L}{R}U = \frac{1}{\omega_0 CR}U = QU$$

式中，Q 称为串联谐振电路的品质因数，其值为 $Q = \dfrac{\omega_0 L}{R} = \dfrac{1}{\omega_0 CR}$。

 提醒你

> 谐振电路中的品质因数，一般可达 100 左右。可见，电感和电容上的电压比电源电压大很多倍，故串联谐振也叫电压谐振。所以，在电子技术中，由于外来信号微弱，常常利用串联谐振来获得一个与信号电压频率相同，但大很多倍的电压。

（4）谐振时，电能仅供给电路中电阻消耗，电源与电路间不发生能量转换，而电感与电容间进行着磁场能和电场能的转换。

三、串联谐振的应用

串联谐振电路常用来做选频电路。如图 3-62 所示，各地不同频率的电磁波信号，分别在接受电路的线圈中产生不同频率的感应电动势 e_1、e_2、e_3 等，从而形成一定的电流。当调节电容至 C_1 时，是电路对 e_1 谐振（频率为 f_1），那么，对 e_1 来讲，电路呈现的阻抗最小，电路中产生的电流最大，在电容器两端就得到一个较高的电压输出，就收到频率为 f_1 的电波。这个过程通常叫做调谐。同时，对于 e_2、e_3 来讲，由于未发生谐振，在

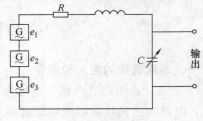

图 3-62 选频电路

电路中形成的电流很小，从而被抑制掉。所以，利用串联谐振电路可以从不同的频率中选择我们所需要的频率信号。

知识点

1. RLC 串联电路谐振的条件为　　$X_L = X_C$

谐振频率　　　　　　　　　　$f_0 = \dfrac{1}{2\pi \sqrt{LC}}$

2. 串联谐振的特点

$$|Z_0| = R$$

$$I_0 = \dfrac{U}{|Z_0|} = \dfrac{U}{R}$$

$$U_R = RI_0 = R\dfrac{U}{R} = U \qquad U_L = U_C = QU$$

　你知道吗？　　品质因数是谐振回路的重要参数

品质因数 Q 越高，谐振曲线越尖锐，回路失真严重；品质因数 Q 越低，电路谐振曲线越平坦，电路的选择性差。实际电路中的品质因数不要过大或过小，大小要适中。

　本节习题

1. 判断题

（1）在 RLC 串联电路中，只要发生串联谐振，则电路呈纯阻性。（　　）

（2）若在发生串联谐振电路中，增大电路中的电阻，谐振就会停止。（　　）

（3）在 RLC 串联谐振电路中，若增大电源频率，电路呈感性。（　　）

2. 填空题

（1）串联正弦交流电路发生谐振的条件是＿＿＿＿＿＿。谐振时，谐振频率 $f =$ ＿＿＿＿＿，品质因数 $Q =$ ＿＿＿＿＿。

（2）在发生串联谐振时，电路中的感抗与容抗＿＿＿＿＿，此时电路中阻抗＿＿＿＿＿，电流＿＿＿＿＿，总阻抗 $|Z| =$ ＿＿＿＿＿。

（3）如图 3-63 所示 RLC 串联正弦交流电路中，已知电源电压为 220V，频率 $f = 50\text{Hz}$ 时，电路发生谐振。现将电源的频率增加，电压有效值不变，这时灯泡的亮度＿＿＿＿＿。

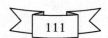

（4）在 RLC 串联正弦交流电路中，已知 $X_L = X_C = 40\Omega$，$R = 20\Omega$，总电压有效值为 220V，则电感电压为_____。

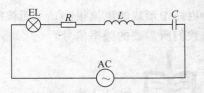

图 3-63　习题 2（3）图

3. 计算题

（1）收音机的输入调谐回路为 RLC 串联谐振电路，当电容为 150pF，电感为 250μH，电阻为 20Ω，求谐振频率和品质因数。

（2）在 RLC 串联谐振电路中，已知信号源电压为 1V，频率为 1MHz，现调节电容使回路达到谐振，这时回路电流为 100mA，电容器两端电压为 100V。求电路元件参数 R、L、C 和回路的品质因数。

本章小结

1. 正弦交流电的基本知识。

（1）大小和方向随时间按正弦规律变化的电动势、电压、电流称为正弦交流电。

（2）正弦交流电的三要素为有效值（或最大值）、频率（或周期、角频率）、初相。角频率、频率、周期之间的关系为

$$\omega = 2\pi f = \frac{2\pi}{T}$$

交流电的有效值和最大值之间的关系为

$$E = \frac{E_m}{\sqrt{2}} \approx 0.707 E_m$$

$$U = \frac{U_m}{\sqrt{2}} \approx 0.707 U_m$$

$$I = \frac{I_m}{\sqrt{2}} \approx 0.707 I_m$$

（3）正弦交流电的表示法有：解析式、波形图和相量图。

2. 单一元件正弦交流电路中的电压、电流关系是分析交流电路的基础，其关系见表 3-2。

表 3-2　单一元件正弦交流电路中电压、电流关系表

项目 \ 电路形式		纯电阻电路	纯电感电路	纯电容电路
对电流的阻碍作用		电阻 R	感抗 $X_L = \omega L$	容抗 $X_C = \dfrac{1}{\omega C}$
电流和电压间的关系	大小	$I = \dfrac{U}{R}$	$I = \dfrac{U_L}{\omega L}$	$I = \dfrac{U}{\omega C}$
	相位	电流、电压同相	电压超前电流90°	电压滞后电流90°
有功功率		$P_R = U_R I = I^2 R$	0	0
无功功率		0	$Q_L = U_L I = I^2 X_L$	$Q_C = U_C I = I^2 X_C$

3. 串联电路中的电压、电流和功率关系见表3-3。

表 3-3　串联电路中电压、电流和功率关系表

项目 ＼ 电路形式	RL 串联电路	RC 串联电路	RLC 串联电路
阻抗	$\|Z\|=\sqrt{R^2+X_L^2}$	$\|Z\|=\sqrt{R^2+X_C^2}$	$\|Z\|=\sqrt{R^2+(X_L-X_C)^2}$
电流和电压间的大小关系	$I=\dfrac{U}{\|Z\|}$	$I=\dfrac{U}{\|Z\|}$	$I=\dfrac{U}{\|Z\|}$
有功功率	$P=U_RI=UI\cos\varphi$	$P=U_RI=UI\cos\varphi$	$P=U_RI=UI\cos\varphi$
无功功率	$Q=U_LI=UI\sin\varphi$	$Q=U_CI=UI\sin\varphi$	$Q=(U_L-U_C)I=UI\sin\varphi$
视在功率	$S=UI=\sqrt{P^2+Q^2}$		

4. RLC 串联谐振电路

（1）谐振条件：$X_L=X_C$

（2）谐振频率：$f_0=\dfrac{1}{2\pi\sqrt{LC}}$

（3）RLC 串联谐振电路的特点

1）谐振阻抗：$Z_0=R$（最小）

2）谐振电流：$I_0=\dfrac{U}{R}$（最大）

3）品质因数：$Q=\dfrac{\omega_0L}{R}=\dfrac{1}{\omega_0CR}$

本 章 测 验 题

一、填空题

1. 我国工频交流电的频率为_____Hz，周期为_____s。

2. 正弦交流电的三要素是指_____、_____和_____。

3. 已知一正弦交流电流 $i=10\sin\left(628t-\dfrac{\pi}{4}\right)$，则该交流电的最大值为_____A，有效值为_____A，频率为_____Hz，周期为_____s，初相位为_____。

4. 一元件接到 $u=100\sin(314t-60°)$ V 的电源上，通过的电流 $i=\sqrt{2}\sin(314t+\phi)$ A，若 $\phi=-60°$，则该元件为_____元件。若 $\phi=30°$，该元件为_____元件；$\phi=-150°$，该元件为_____元件。

5. 在纯电阻正弦交流电路中，已知路端电压 $u=10\sqrt{2}\sin\left(\omega t-\dfrac{\pi}{6}\right)$，电阻 $R=10\Omega$，那么电流 $i=$ _____A，电压与电流的相位差 $\varphi=$ _____，电阻上消耗的功率 $P=$ _____W。

6. 在电感 L 为 10mH 的纯电感电路中，电源的电压 $u=20\sin500t$，则电路的感抗为_____，流过该电路电流的瞬时表达式 $i=$ _____。

7. 在纯电容正弦交流电路中，已知电流 $I=10$A，电压 $u=10\sqrt{2}\sin(1000t)$，则电流 $i=$ _____A，容抗 $X_C=$ _____Ω，电容量 $C=$ _____F，无功功率 $Q_C=$ _____var。

8. 在 RLC 串联正弦交流电路中，当 X_L _____X_C 时，电路是感性电路；当 $X_L X_C$ 时，电路发生谐振。

二、选择题

1. 在纯电阻正弦交流电路中，下列各式正确的是（　　）。

A. $I = \dfrac{U}{R}$ B. $I = \dfrac{u}{R}$ C. $i = \dfrac{U_m}{R}$

2. 在纯电容正弦交流电路中，下列各式正确的是（   ）。

A. $i = \dfrac{U}{X_c}$ B. $i = \dfrac{u}{\omega C}$ C. $I = U\omega C$

3. 在纯电感正弦交流电路中，下列各式正确的是（   ）。

A. $i = \dfrac{u}{X_L}$ B. $I = \dfrac{U}{\omega L}$ C. $I = \omega L U$

4. 在纯电容电路中，电源电压有效值不变，增大电源频率时，电路中的电流（   ）。

A. 增大   B. 减小   C. 不变

5. 在 R、L 串联电路中，电阻上电压为 16V，电感上电压为 12V，则总电压 U 为（   ）。

A. 28V   B. 20V   C. 4V   D. 8V

6. 如图 3-64 所示，总电压为（   ）。

A. 140V   B. 70V   C. 50V   D. 120V

7. 在 RLC 串联电路中，只有（   ）是属于电感性电路。

A. $R = 4\Omega$，$X_L = 1\Omega$，$X_c = 2\Omega$ B. $R = 4\Omega$，$X_L = 3\Omega$，$X_c = 2\Omega$

C. $R = 4\Omega$，$X_L = 3\Omega$，$X_c = 3\Omega$

8. 在 RLC 串联电路发生谐振时（   ）。

A. 总电压超前电流   B. 总电压滞后电流   C. 总电压与总电流相位

9. 正弦交流电流如图 3-65 所示，已知电源电压为 220V，频率 $f = 50\,\mathrm{Hz}$，电路发生谐振。现将电源的频率增加，电压有效值不变，这时灯泡的亮度（   ）。

A. 比原来亮   B. 比原来暗   C. 和原来一样亮

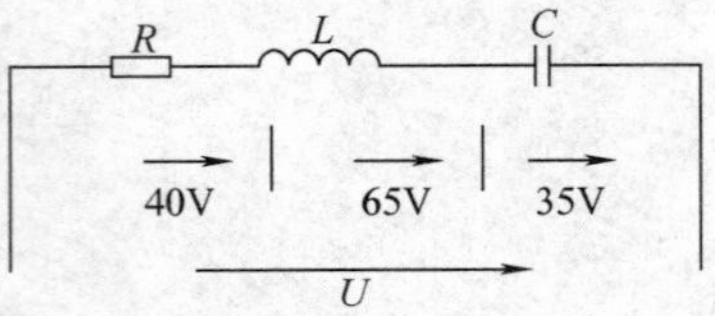

图 3-64

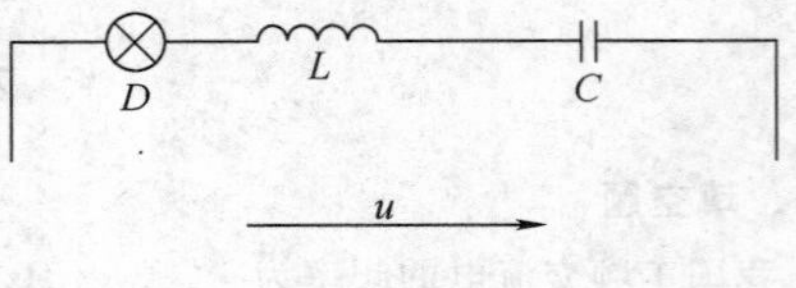

图 3-65

三、判断题

1. 电容器在电路中具有"通交流，隔直流"或"通高频，阻低频"的特征。（   ）

2. 无功功率就是无用功率。（   ）

3. 纯电感和纯电容电路的有功功率为零。（   ）

4. 交流电气设备铭牌标注的电压是交流电的有效值。（   ）

5. 交流电路中，电容器的容抗 X_c 不等于电容器两端所加交流电压的瞬时值 u_c 与流过它的电流瞬时值 i 之比，即 $X_c \neq \dfrac{u_c}{i}$。（   ）

6. RLC 串联谐振时的阻抗 $|Z| = R$ 最小，电流 $I_0 = \dfrac{U}{R}$ 最大，所以串联谐振又叫电流谐振。（   ）

7. 纯电容交流电路中，频率一定时，电容器电容量越大，电路中电流就越大。（   ）

8. 在 RLC 串联交流电路中，若电路呈感性，说明总电压超前于电流。（   ）

四、计算题

1. 一个电阻和电容串联的正弦交流电路中，已知电源电压 $u = 220\sqrt{2}\sin(314t + 30°)$，电阻 $R = 10\Omega$，

容抗 $X_c = 10\Omega$，试求电路中的电流有效值 I 及其瞬时表达式 i；电路的有功功率 P。

2. 一个电阻 $R = 30\Omega$、$L = 0.6H$ 的线圈与电容量为 $500\mu F$ 的电容器串联，接到电源 $u = 20\sqrt{2}\sin$（$100t$ $+10°$）的电源上。试求电流的有效值和瞬时值；电路的有功功率和无功功率。

3. 在 RLC 串联电路中，已知：$R = 30\Omega$，$L = 60mH$，$C = 50\mu F$，端电压 $u = 100\sqrt{2}\sin$（$1000t + 30°$）。试求：（1）电路中的电流 I，及其瞬时表达式；（2）电压 u_R、u_L、u_C；（3）电路的有功功率、无功功率和视在功率。

第四章　实用电工知识

你将学到什么知识呢？

◇ 触电是很可怕的，但你可以预防并采取保护措施，学会安全用电，用电安全。

◇ 你要熟悉变压器有哪些用途。

◇ 你要明白常用的照明电路，并学会安装家用插座。

◇ 你要了解三相交流电的基本知识。

第一节　安全用电

安全用电包括供电系统的安全，用电系统的安全及人身安全三个方面，首先是人身安全，要防止触电。

一、触电

所谓触电是指因人体接触或靠近带电体而受到一定量的电流通过人体致使组织损伤和功能障碍、甚至死亡的现象。按人体受伤程度的不同，触电可分为电击和电伤两种类型。

决定电击程度的是电流而不是电压

由于人体是导电体，当人体接触带电部位而构成电流回路时，就会有电流流过人体。如图 4-1 所示，设人体电阻是 R_b，接地电阻是 R_0 时，流过人体的电流为

$$I_b = \frac{U_\varphi}{R_b + R_0} \tag{4-1}$$

式中，U_φ 为电网的相电压。

（一）决定触电伤害程度的因素

电流对人体的危害程度与通过人体的电流强度、通电持续时间、电流通过人体的部位（途径）以及触电者的身体状况等诸多因素有关。

1. 通过人体的电流大小　通过人体的电流越大，对人体的伤害就越大。按照人体对电流的生理反应强弱和电流对人体的伤害程度，可将电流分为感知电

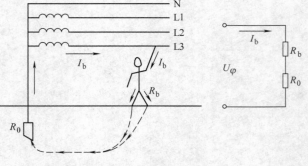

图 4-1　触电示意图及等效电路

流、摆脱电流和致命电流三级。

感知电流：指能引起人体感觉但无有害生理反应的最小电流。

摆脱电流：指人体触电后能自主摆脱电源而无病理性危害的最大电流。

致命电流：指能引起心室颤动而危及生命的最小电流。

 提醒你

上述这几种电流的阈值与触电对象的性别、年龄以及触电时间等因素有关。如，成年男性的平均感知电流约为 1.1mA，女性约为 0.7mA；成年男性的平均摆脱电流约为 16mA，女性约为 10mA。

在一般情况下，可取 30mA 为安全电流，即以 30mA 为人体所能忍受而无致命危险的最大电流。

 提醒你

在有高度触电危险的场所，应取 10mA 为安全电流；而在空中或水面触电时，考虑到人受电击后有可能会因痉挛而摔死或淹死，则应取 5mA 作为安全电流。

2. 电流通过人体的时间长短　人体触电时间越长，电击的危险性就越大，故漏电保护器的保护动作时间一般不超过 0.1s。

3. 电流频率　频率为 30～300Hz 的交流电最危险。工频电流对人体的伤害最为严重；直流电流对人体的伤害则较轻。

4. 电流流过人体的途径　电流流过大脑和心脏是最危险的，而绝大部分触电情况是电流流过心脏。因此，电流从手到脚或手到手最为危险。

身体不好,会增加触电的危险性哦!

5. 人体状况　触电的危险性与人体状况有关，触电者的性别、年龄、健康状况、精神状态和人体电阻等都会对触电后果产生影响。人的身体健康不良或精神状态较差时，会增加触电的危险性。

 *提醒你*

人体电阻的大小是影响触电后果的重要因素。当接触电压一定时，人体电阻越小，流过人体的电流越大，触电者也就越危险。影响人体电阻的因素很多，在电气安全工程计算中，通常取人体电阻为 1700Ω。必须指出的是，人体电阻只对低压触电有限流作用，而对高压触电，人体电阻的大小就不起什么作用了。

6. 人体的电压　触电伤亡的直接原因在于电流在人体内引起的生理病变。电流的大小

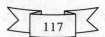

与作用于人体的电压高低有关,人体接触的电压越高,危险性越大。

究竟多高的电压才是人体所能耐受的呢?这与人体所处的环境有关。我国规定适用于一般环境下的安全电压为36V。

提醒你

> 存在高度触电危险的环境以及特别潮湿的场所,应采用12V的安全电压。

(二) 触电的方式

人体触电的方式主要有单相触电、两相触电、跨步电压触电和接触电压触电等。

1. 单相触电　人体的一部分与三相电力系统中的一根带电的相线接触的同时,另一部分与地(或零)线接触,使电流从相线经人体到地(或零)线形成回路而触电,如图4-2a所示。

2. 两相触电　人体的不同部位同时接触两根带电的相线,人体受线电压的作用,发生触电,电流直接经人体构成回路。此时,人体就像一个负载接在电源中,通过人体的电流比单相触电时大,因此,这种触电方式是最危险的,如图4-2b所示。

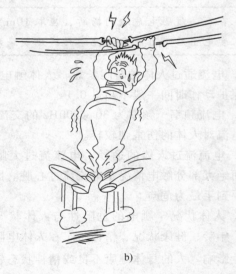

a) 　　　　　　　　　　　　　　　　　　　　　b)

图 4-2　单相、两相触电

a) 单相触电　b) 两相触电

3. 跨步电压触电　当电力线路的一根带电导线断落在地面时,电流经落地点流入地面,并向四周扩散。导线的落地点电位最高,距离落地点越远,电位越低,在落地点20m以外,地面的电位近似等于零。当人走到落地点附近时,两脚踩在不同电位上,两脚因同时承受电压而造成跨步电压触电。此时,越接近落地点或两只脚的距离越大,则跨步电压越大,通过人体的电流越大,如图4-3所示。

4. 接触电压触电　人体接触带电设备的外壳而引起的触电称为接触电压触电。如图4-4

图 4-3　跨步电压触电

所以。

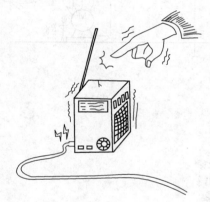

图 4-4　接触电压触电

二、防止触电的措施

1. 不要用湿润的手触摸电器或开关，如图 4-5a 所示。

2. 外壳损坏的插座、开关应及时更换，如图 4-5b 所示。

3. 布线用的电线的绝缘皮被破坏以至露出芯线时应及时修复（注意：一定要断电操作）。

4. 插座或者有触电危险的电器应放在不易碰到的地方，如图 4-5c 所示。

5. 实施保护接地、保护接零等。

（1）保护接地，为防止间接触电而将电气设备的金属部分（正常情况下不带电）与大地做电气连接，称为保护接地，如图 4-5d 所示。

 提醒你

在保护接地中，当人体接触电气设备时，人体与接地装置是并联，由于人体的电阻很大，电流会直接流经接地装置形成回路，从而减轻了人体触电的伤害。

（2）保护接零，在保护接地中，将设备的外露可导电部分经公共的保护线 PE 或保护中

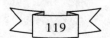

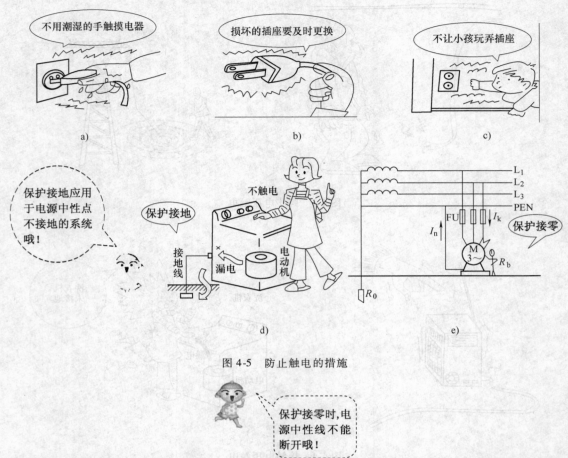

图 4-5　防止触电的措施

性线 PEN（中性线 N 与保护线 PE 共用的导线）接至电力系统的接地中性点，称为保护接零，如图 4-5e 所示。

提醒你

> 保护接零之所以能够确保人身安全，是因为当电气设备发生漏电后，相电压经过机壳到零线形成回路，从而产生短路电流，使电路中保护继电器动作，切断电源；由于人体电阻远大于短路回路电阻，在未解除故障前，单相短路电流几乎全部通过接零电路。

三、触电急救

（一）触电急救的原则

1. 迅速用绝缘工具使触电者脱离电源。
2. 就地不要轻易挪动触电者应进行急救。
3. 使用正确姿势与方式对症急救。
4. 抢救要及时、坚持、不中断。

人体触电后，会出现神经麻痹、呼吸困难、血压升高、昏迷直至呼吸中断、心脏停跳等危险情况。当触电者呈现昏迷状态时，不能轻率地认为触电者已经死亡，而应马上对其实施相应急救。

（二）使触电者脱离低压电源的方法

使触电者脱离低压电源的方法如图4-6所示。

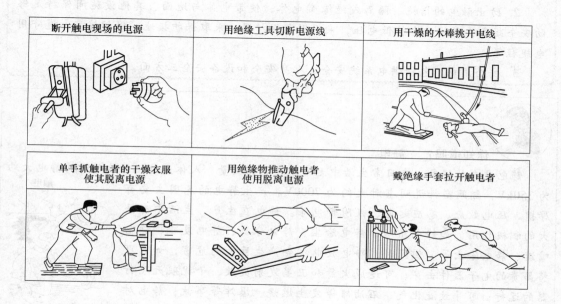

图4-6　使触电者脱离低压电源的方法

抢救者不能直接接触触电者的身体，抢救者要尽量做到单手操作。

（三）使触电者脱离高压电源的方法

1. 立即通知有关部门停电。

2. 戴上高压绝缘手套、穿上高压绝缘鞋，用合格和相应电压等级的绝缘工具拉闸。

3. 抢救者在做好高压绝缘与各种安全措施的条件下，强迫线路短路跳闸。

（注意：若触电者在高处，应做好预防触电者从高处坠落的措施。）

 **知识点**

1. 最常见的人体触电形式有两类　直接触电和间接触电。

直接触电是指人体直接触及或过分靠近电气设备及线路带电导体而发生的触电现象。单相触电、两相触电、电弧伤害等都属于直接触电。

间接触电是指人体任何部位接触故障状态下的电气设备及线路带电导体的外露可导电部分和外界可导电部分所造成的触电现象。接触电压触电和跨步电压触电等都属于间接触电。

2. 防止触电的措施　隔离或绝缘带电体，使带电体与地面、其他设施间保持足够的安全距离，采用安全特低电压，采用漏电保护器，采取保护接地、保护接零，遵守用电规程等。

3. 安全用电　包括供电系统安全、人身安全和设备安全三方面。

 你知道吗？　静电

静电是自然现象，在日常生活中无处不在。据测量，人体走过化纤地毯时的静电大约为350kV，翻阅塑料说明书时大约为7000V。产生静电的原因主要有摩擦、压电效应、感应起电、吸附带电等。静电在生产、生活中有很大的积极作用，如静电植绒、静电除尘、静电分离、静电复印、静电喷漆、静电除虫等。但同时，静电放电也会产生巨大的危害，如它可将昂贵的电子器件击穿；可造成火箭和卫星发射失败，干扰航天飞行器的运行；可导致液化气、石油罐等发生燃烧、爆炸等事故；静电对人体也有一定的危害，当静电的电压达到2000V时，手指就有感觉，超过3000V时就有火花出现，超过7000V时就有电击感，如图4-7所示。为了降低静电对我们的生产影响一般采用泄放消散、静电接地连接、静电的中和与屏蔽、消除人体静电等方法减少静电。

图4-7　静电对人体也有危害

 本节习题

1. 填空题

(1) 安全用电包括供电系统安全，_____的安全及_____安全三个方面。

(2) 当人体接触带电体或人体与带电体之间产生闪击放电时，就有一定的_____通过人体，造成人体_____或_____的现象称为触电。

(3) 触电可分为_____和_____两种类型。

(4) _____mA以下的工频交流电或_____mA以下的直流电对人体来说可看成是

安全电流。

（5）单相触电是指人体的某一部位接触带电设备的_____而导致的触电。

（6）在电源中性点接地的供电系统中，发生单相触电是指一相电流通过_____和_____构成回路。

（7）两相触电是指人体同时触及带电设备的_____而导致的触电。

（8）保护接地是将电气设备的_____与_____可靠地相连接。

（9）当采用保护接零时，_____决不允许断开，否则保护失效，带来更严重的事故。

2. 选择题

（1）对人体而言，安全电流一般为（　　　）。

A. 80mA 工频交流电　　　B. 50mA 以下的工频交流电

C. 100mA 以上的工频交流电

（2）人体行走时，离落地点越近，跨步电压（　　　）。

A. 越低　　　B. 越高　　　C. 没有区别

（3）在潮湿的工程点，只允许使用（　　　）进行照明。

A. 12V 的手提灯　　　B. 36V 的手提灯　　　C. 220 V 电压

（4）一旦发生触电事故，不应该（　　　）。

A. 直接接触触电者　　　B. 切断电源　　　C. 用绝缘物使触电者脱离电流

（5）保护接地只应用于（　　　）。

A. 电源中性点接地的供电系统中　　　B. 电源中性点不接地的供电系统中

C. A、B 都可以

（6）接地保护措施中，接地电阻越小，人体触及漏电设备时流经人体的电流（　　　）。

A. 越大　　　B. 越小　　　C. 没有区别

（7）电源中性点接地的供电系统中，常采用的防护措施是（　　　）。

A. 接地保护　　　B. 接零保护　　　C. A、B 都可以

（8）当采用保护接零时，一般情况下（　　　）。

A. 电源中性线可以安装开关或熔断器　　　B. 电源中性线可以断开

C. 电源中性线采用重复接地

3. 判断题

（1）电击伤害的严重程度只与人体通过的电流大小有关，而与频率、时间无关。

（　　　）

（2）人体接近高压带电设备，即使没有接触也可能触电。　　　　　（　　　）

（3）电击触电对人体造成的危险性最大。　　　　　（　　　）

（4）人体的某个部位接触带电设备的某一相；或接近高压带电体产生电弧，造成单相接地引起的触电，均为单相触电。　　　　　（　　　）

（5）只要电源中性点接地，人体触及带电设备的某一相也不会造成触电事故。（　　　）

（6）单相触电的触电电流通过人体与大地构成回路。　　　　　（　　　）

（7）两相触电时，只要人体站在绝缘物上就不会有触电的危险。　　　（　　　）

（8）两相触电的触电电流直接以人体为回路。　　　　　（　　　）

（9）当电线或电气设备发生接地事故时，距离接地点越远的地面各点电位越高，电位差

越大，跨步电压就越大。 （　　）

（10）身材高大的人比身材矮小的人更容易发生跨步电压触电。 （　　）

（11）220 V 的工频交流电和 220 V 的直流电给人体带来的触电危险性相同。 （　　）

（12）安全用电规程规定，严禁一般人员带电操作，但接触 50V 左右的带电体问题不大。 （　　）

（13）只要人体未与带电体相接触，就不可能发生触电事故。 （　　）

第二节　变压器和照明电路

一、变压器

变压器是根据互感原理将交流电压升高或降低并保持其频率不变的一种电气设备。图 4-8 所示是一变压器的外形图。

变压器除了能改变交流电压外，还可以改变交流电流、变换阻抗、改变相位等。

（一）变压器的结构

变压器主要由一个软磁铁心和两个套在铁心上相互绝缘的线圈（又称绕组）所构成。如图 4-9 所示，与交流电源相接的绕组称为一次绕组，与负载相接的绕组称为二次绕组。根据需要，变压器的二次绕组可以有多个，以提供不同的交流输出电压。

图 4-8　变压器

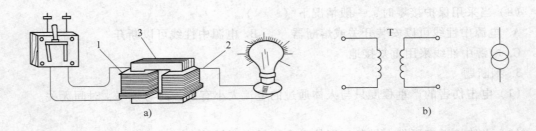

a)　　　　　　　　　　　　b)

图 4-9　单相变压器的基本结构和符号

a）基本结构　b）符号

1—一次绕组　2—二次绕组　3—铁心

通常，凡与一次绕组有关的各量，都在其表示符号的右下角标"1"，而与二次绕组有关的各量，都在其表示符号的右下角标"2"。如一、二次电压、电流、匝数、功率分别为：u_1、u_2；i_1、i_2；N_1、N_2；P_1、P_2。

铁心是变压器的磁路部分，绕组是变压器的电路部分。根据铁心和绕组的配置情况，变压器有心式和壳式两种，其外形分别如图4-10所示。

（二）变压器的主要用途

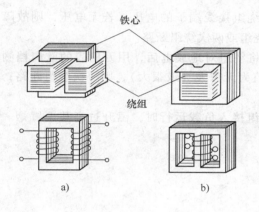

图 4-10　心式和壳式变压器
　　　a) 心式　b) 壳式

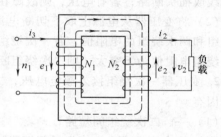

图　4-11

1. 改变交流电压　如图4-11所示，当变压器一次绕组接上交流电压 u_1 后，一次电压的有效值 U_1 及绕组匝数 N_1，二次电压的有效值 U_2 及绕组匝数 N_2 就存在下列关系：

$$\frac{U_1}{U_2} = \frac{N_1}{N_2} = n$$

式中，n 称为变压器的变压比。

2. 改变交流电流　变压器在变压过程中只起着能量传递作用。在忽略变压器损耗（理想变压器）时，变压器的输出功率 P_2 应与变压器从电源中获得的功率 P_1 相等，即 $P_1 = P_2$。于是，当变压器只有一个二次绕组时，应有 $I_1 U_1 = I_2 U_2$

变压器是依靠"磁耦合"，把能量从初级传输到次级。

或

$$\frac{I_1}{I_2} = \frac{U_2}{U_1} = \frac{N_2}{N_1} = \frac{1}{n}$$

即，变压器工作时，其一次、二次电流比与一次、二次的电压比（或匝数比）成反比。

提醒你

变压器是根据电磁感应原理工作的，它只能改变交流电压、交流电流，不能改变直流电压、直流电流。所以变压器对直流电不起作用。

（三）小型变压器的故障分析与检查

1. 变压器一次绕组接入额定电压后，二次绕组无电压输出，故障原因有

（1）一次绕组断路；

（2）二次绕组断路；

（3）电源线或插头断路。

检查方式

（1）用万用表交流电压档，测变压器一次绕组接线端子的电压。若无电压，则故障在电源线或插头断路；若有电压，则故障在一次绕组或两次绕组断路。

（2）将变压器从电源上取下切断电源，并将绕组对地放电后，用万用表的欧姆档测一次绕组和两次绕组的电阻值，若一次绕组电阻值为无穷大（或很大），则一次绕组断路；若两次绕组电阻值为无穷大，则二次绕组断路。

2. 变压器一次绕组接入额定电压，二次绕组接入负载运行时，温升过高甚至冒烟。故障原因有

（1）一、二次绕组间短路；

（2）一次绕组或二次绕组局部短路；

（3）铁心质量太差或叠厚不足；

（4）负载过重或输出电路局部短路。

检查方式

（1）首先断开输出电路，变压器在空载运行时，如无过热现象，空载电流也不大（在其额定电流的 10% 以下），则是负载过重或输出电路局部短路所致。解决方法是减轻负载或排除输出回路局部短路故障。

（2）若变压器空载运行时，仍有过热现象，空载电流很大（大于其额定电流的 10% 以上），变压器就不能使用，应更换。

（四）技能训练，中周变压器及检测

1. 中周变压器的构造　中周变压器简称中周，是超外差式接受机中不可缺少的元件，它的性能对接受机的灵敏度、选择性有很大的影响。其外形、结构如图 4-12 所示，它的外部是金属屏蔽罩，内部是由铁氧体制成的磁帽和磁心、线圈、尼龙支架等。

2. 中周的检测方法见表 4-1。

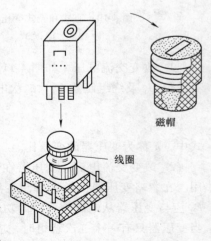

磁帽

线圈

图 4-12　中周结构示意图

表 4-1　收音机中频变压器的检测

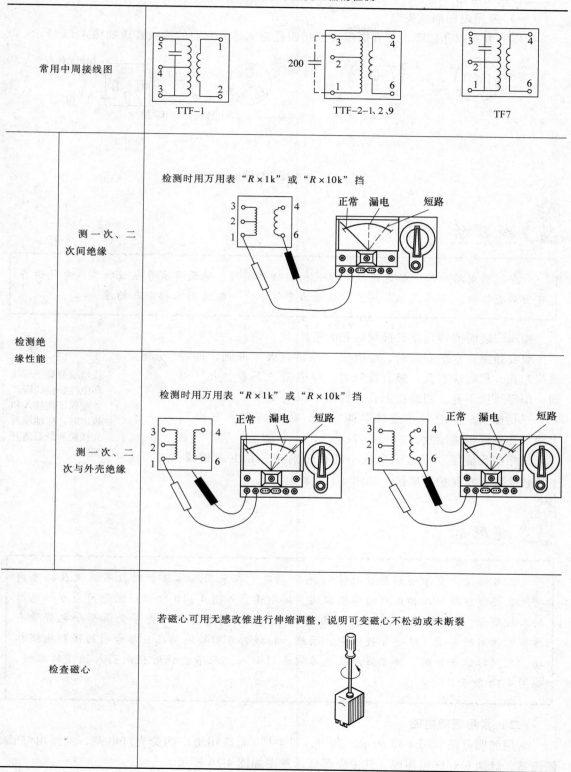

常用中周接线图		
TTF-1	TTF-2-1、2、9	TF7

检测绝缘性能

测一次、二次间绝缘

检测时用万用表"$R \times 1k$"或"$R \times 10k$"挡

正常　漏电　短路

测一次、二次与外壳绝缘

检测时用万用表"$R \times 1k$"或"$R \times 10k$"挡

正常　漏电　短路　　　正常　漏电　短路

检查磁心

若磁心可用无感改锥进行伸缩调整，说明可变磁心不松动或未断裂

二、照明电路

（一）家用电器插座安装

插座一般有双孔插座、三孔插座、三相四孔插座等。它们的接线要求如图 4-13 所示。

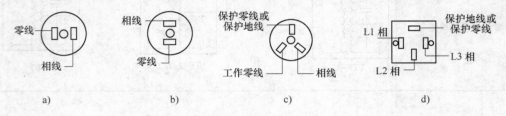

图 4-13　插座插孔极性连接法

　　在照明电路中，一般选用双孔插座；在公共场所、地面具有导电性物质或电气设备有金属壳体时，应选用三孔插座；在动力系统中，一般选用三相四孔插座。

插座安装时要特别注意接线插孔的极性。

双孔插座：水平安装时，应遵循"左零右火"原则，即零线接左孔，相线接右孔；竖直排列时，应遵循"下零上火"原则，即零线接下孔，相线接上孔，如图 4-12a、b 所示。

接地端要高于相线和中性线接线端，才能保证在插入和拔出时，接地端首先接触和最后离开插座。

三孔插座：下边两孔是接电源线的，仍为"左零右火"，上边大孔接保护接地线，如图 4-12c 所示。

三相四孔插座：下边三个较小的孔分别接三相电源相线，上边较大的孔接保护接地线，如图 4-12d 所示。

　　三孔插座上有专用的保护接零（地）插孔。在采用接零保护时，不能仅在插座内将此孔接线柱与引入插座内的那根零线直接相连，如图 4-14b 所示。这是因为万一电源的零线断开，或者电源相（火）线与零线接反，家用电器的外壳等金属部分也将带有与市电相同的电压，就会导致触电。因此，接线时专用接地插孔应与专用的保护地线相接。采用接零保护时，接零线应从电源端专门引入，而不能就近利用引入插座的零线，如图 4-14 所示。

（二）常用照明电路

常用照明电路如图 4-15 所示。其中，图 4-15b 是应用更广的荧光灯电路，主要由灯管、镇流器、灯架和灯座等构成。其主要部件示意图如图 4-16 所示。

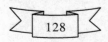

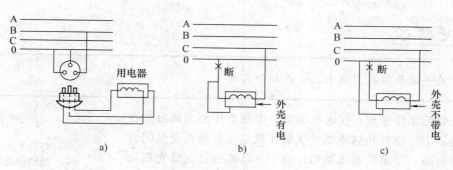

图 4-14　三相插座的使用

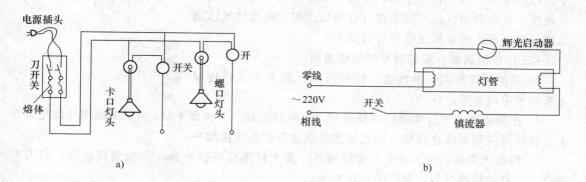

图 4-15　常用照明电路
a）常用照明电路接线图　b）荧光灯电路

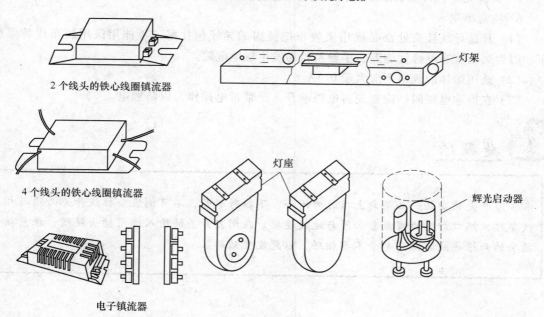

图 4-16　荧光灯主要部件示意图

提醒你

> 开关一定要接在相线上，才能控灯又安全。

荧光灯的工作原理　接通电源时，电源电压绝大部分加在辉光启动器上，使辉光启动器发生辉光放电，其触头受热闭合接通启辉电路，使镇流器线圈和灯丝中有电流通过。辉光启动器辉光放电后其触头会因温度降低而突然断开，使镇流器线圈中的电流减小，由于自感作用，镇流器线圈两端产生较高的感应电压，并和电源电压一起加在灯管两端，使管内惰性气体氩电离导通，产生的紫外线激励灯管发光。

> 灯管发光后，电流经镇流器、灯管形成回路，辉光启动器不再起作用。

（三）技能训练，安装简单的照明电路

1. 先把闸刀开关，吊线盒，拉线开关，圆木在五合板或木板的预定位置固定好。

2. 把两条导线平行架设，用瓷夹板将导线固定好，并按图4-15a所示电路用导线把刀开关，拉线开关和吊线盒接好，用花线把吊线盒跟灯头连接起来。

3. 检查无误后，在刀开关上接好熔体，安上灯泡后将插头插入实验室插座内，将刀开关合上，拉动拉线开关，看灯泡是否发光。

4. 用试电笔测试开关是否接在相线上，如果没有，可将插头调向。

5. 实验完毕，将插头取下，拆除电路。

6. 注意事项

（1）凡是导线接头处都必须用黑胶布把裸露的导线包扎好，不能用医用胶布代替黑胶布。因为医用胶布绝缘性能差，手触及时易发生触电危险。

（2）选用熔体的规格不应大于0.5A。

（3）在拆除电路时，应首先将电源断开。严禁带电操作，以防触电。

提醒你

> 刀开关的安装，必须向上推时为闭合，下拉时断开，不可倒装。拉线开关必须与相线串接，螺口灯头的螺旋套必须与地线连接。在闸刀开关的输入端用插头接线，注意接插头的两根导线的裸露部分不要相碰，以免发生短路。

 **知识点**

1. 变压器主要由铁心和绕组两大部分组成，其用途主要是传输电能、传递信号。

2. 绕组有一次绕组和二次绕组，二次绕组可以有多组。

3. 理想变压器主要有电压变换、电流变换等作用：

$$\frac{U_1}{U_2} = n, \quad \frac{I_1}{I_2} = \frac{1}{n}$$

4. 插座一般不用开关控制，它始终是带电的。常见插座一般有双孔插座、三孔插座和三相四孔插座等，其接线要求注意区分

（1）双孔插座："左零右火"或"下零上火"；

（2）三孔插座："左零右火"，上孔接保护接地线；

（3）三相四孔插座：下边三孔接三相电源相线，上孔接保护接地线。

5. 常用荧光灯电路主要由灯管、镇流器、灯架和灯座等组成。

 你知道吗？　　熔体及其作用

熔体（俗称保险丝）是一种安装在电路中，保证电路安全运行的电器元件。其作用是：当电路发生故障或异常时，伴随着电流不断升高，有可能损坏电路中的某些重要器件或贵重器件，烧毁电路甚至造成火灾。若电路中正确地安置了熔体，那么熔体就会在电流异常升高到一定的时候，自身熔断切断电流，从而起到保护电路安全运行的作用。

最早的熔体于一百多年前由爱迪生发明，由于当时的工业技术不发达，白炽灯很昂贵，所以，最初是将它用来保护价格昂贵的白炽灯的。

 本节习题

1. 填空题

（1）各种变压器的构造基本相同，主要由_____和_____两部分组成。

（2）变压器工作时与电源连接的绕组称为_____，与负载连接的绕组称为_____。

（3）变压器_____改变一次、二次绕组电压数值，_____改变其频率数值（选择能或不能）。

（4）变压器的作用主要是改变_____，还可以改变_____，变换阻抗及改变相位等。

（5）刀开关的安装，必须_____时为闭合，_____断开，不可倒装。

（6）开关一定要装在_____线上。

（7）双孔插座安装应遵循_____或_____原则。

（8）熔体也称为_____，它接在电路中主要对电路起_____作用。

（9）荧光灯通常由_____、_____和_____组成。

2. 计算题

（1）有一台单相变压器，若一次电压为220V，二次的电压为36V，二次绕组匝数为324匝。求变压器的变比和一次绕组的匝数。

（2）一台单相变压器的一次绕组的匝数为1056匝，电压为380V。现要在二次获得36V的安全照明电压，求二次绕组的匝数。若负载为一只40W的灯泡，忽略变压器的损耗，求一次、二次的电流。

（3）某理想单相变压器的一次电压 $U_1 = 6kV$，二次电流 $I_2 = 100A$，变压器变比 $n = 15$。求二次电压 U_2 和一次电流 I_1 各为多少？

*第三节　三相交流电

电能的产生、输送和分配一般都采用三相正弦交流电，也就是由三个最大值相等、频率相同、相位互差120°的正弦交流电源同时供电的系统。通常的单相交流电源都是从三相交流电源中获得。

一、三相正弦电动势的产生

（一）三相正弦电动势

三相正弦电动势是由三相交流发电机产生的。三相交流发电机的构造主要是定子和转子。

 提醒你

> 定子即在铁心中嵌入的三个形状、尺寸和匝数完全相同、在空间位置上彼此相隔120°的对称绕组，分别称为 U 相、V 相、W 相。转子是具有一对磁极的电磁铁。如图4-17所示。

当转子在原动机带动下以角速度 ω 沿逆时针匀速转动时，三相绕组中感应出的三相电动势 e_U、e_V、e_W 分别为：

$$e_U = E_m \sin\omega t$$

$$e_V = E_m \sin (\omega t - 120°)$$

$$e_W = E_m \sin (\omega t + 120°)$$

其波形图和相量图分别如图4-18a、b所示。

它们的最大值相等、频率相同、相位互差120°，又称三相对称电动势。

（二）相序

通常把三相电动势达到正的最大值的先后次序称为相序。习惯上的相序为 U 相超前 V 相120°，V 相超前 W 相120°，W 相超前 U 相120°，此为正序。反之，则为负序。如图4-18

所示的相序即为正序。一般三相电动势未加说明，都是指正序。

二、三相四线制

（一）三相四线制

三相电源的三相绕组有两种连接方式，即星形（简称丫形）联结和三角形（简称△形）联结。在低压供电系统中多采用星形联结的三相四线制供电，即把发电机三相绕组的末端连接成一个公共点（即中性点）N，从N点引出一条输电线，再从三相绕组始端U1、V2、W1引出三根输电线的连接方式，如图4-19所示。

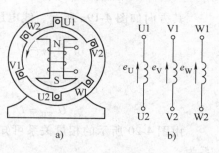

图4-17 三相交流发电机示意图
a）示意图 b）三相对称绕组

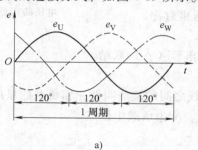 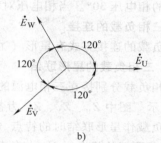

图4-18 对称三相电动势的波形图和相量图
a）波形图 b）相量图

 提醒你

接地的中性点叫零点。从中性点引出的输电线叫中性线，简称中线，接地的中线叫做零线。从三相绕组始端U1、V2、W1引出的三根输电线叫做端线或相线，俗称火线，分别用符号L1、L2、L3表示。图4-19b是图4-19a的简易画法。

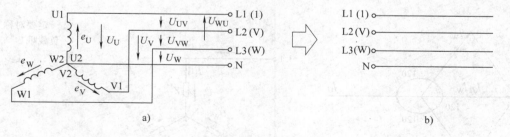

图4-19 星形连接的三相四线制

（二）线电压和相电压的关系

三相四线制可输送两种电压：线电压和相电压。

线电压：端线与端线之间的电压，如 U_{UV}、U_{VW}、U_{WU}；

相电压：端线与中性线之间的电压，如 U_U、U_V、U_W。

其方向如图 4-19a 所示，线电压与相电压的相量关系为

$$\dot{U}_{UV} = \dot{U}_U - \dot{U}_V$$

$$\dot{U}_{VW} = \dot{U}_V - \dot{U}_W$$

$$\dot{U}_{WU} = \dot{U}_W - \dot{U}_U$$

由图 4-20 所示的相量关系可知，线电压与相电压的数量关系为

$$U_{线} = \sqrt{3} U_{相}$$

即线电压有效值是相电压有效值的 $\sqrt{3}$ 倍；相位关系上，线电压超前对应的相电压 30°。当相电压对称时，线电压也对称。

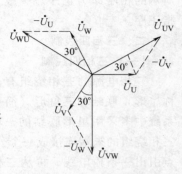

图 4-20 线电压与相电压的相量图

三、三相负载的连接

三相负载的连接方式有星形（丫）联结和三角形（△）联结。

（一）三相负载的星形联结

把三相负载分别接在三相电源的相线和中性线之间的接法叫做三相负载的星形联结，如图 4-21 所示。图中 Z_U、Z_V、Z_W 为各负载的阻抗，N' 为负载中性点。

三相负载作星形联结时的特点

1. 负载两端的相电压 $U_{相}$ 与负载的线电压 $U_{线}$ 的关系为 $U_{丫线} = \sqrt{3} U_{丫相}$；

2. 流过每相负载的相电流 $I_{相}$ 与流过相线的线电流 $I_{线}$ 相等，即 $I_{丫线} = I_{丫相}$。当三相负载对称时，中性线电流 $\dot{I}_N = \dot{I}_U + \dot{I}_V + \dot{I}_W$ $= 0$。如图 4-22 所示，此时，取消中性线也不会影响电路的正常工作，三相四线制变成三相三线制，如图 4-23 所示。如高压输电时，常采用三根线传输。

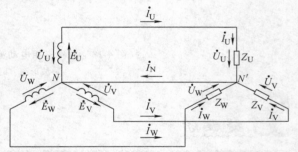

图 4-21 三相负载的星形联结

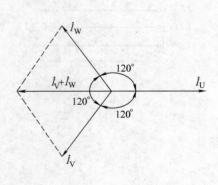

图 4-22 对称三相电流的相量图

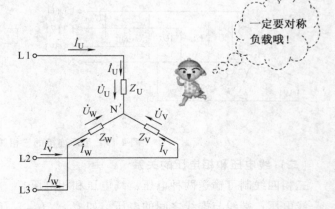

一定要对称负载哦！

图 4-23 三相三线制

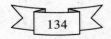

提醒你

若三相负载的阻抗相等，即 $Z_U = Z_V = Z_W$，称为三相对称负载；否则，称为三相不对称负载。三相负载不对称（如低压供电系统中）时，一定不能取消中性线。

（二）三相负载的三角形联结

把三相负载分别接在三相电源每两根相线之间的接法称为三角形联结，如图 4-24 所示。

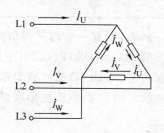

图 4-24　三相负载的三角形联结

三相负载作三角形联结时的特点

1. 负载的相电压 $U_{相}$ 与电源的线电压 $U_{线}$ 的关系为：$U_{\triangle 线} = U_{\triangle 相}$；

2. 线电流 $I_{线}$ 与相电流 $I_{相}$ 的关系为：$I_{\triangle 线} = \sqrt{3} I_{\triangle 相}$。

提醒你

三相负载究竟采用哪种连接方式，应根据各相负载的额定电压和电源线电压的关系而定。如果每相负载的额定电压与电源的线电压相等，则应将负载接成三角形；如果每相负载的额定电压等于电源的相电压，则应将负载接成星形。

四、三相电路的功率

在三相交流电路中，三相负载的有功功率、无功功率分别等于各相的有功功率、无功功率之和，即

$$P = P_U + P_V + P_W$$
$$Q = Q_U + Q_V + Q_W$$

对称三相电路中，因三相电压和三相电流都是对称的，故有

$$P = 3P_{相} = 3U_{相} I_{相} \cos\varphi_{相}$$
$$Q = 3Q_{相} = 3U_{相} I_{相} \sin\varphi_{相}$$
$$S = 3S_{相} = 3U_{相} I_{相}$$

或

$$P = \sqrt{3} U_{线} I_{线} \cos\varphi_{相}$$
$$Q = \sqrt{3} U_{线} I_{线} \sin\varphi_{相}$$
$$S = \sqrt{3} U_{线} I_{线} = \sqrt{P^2 + Q^2}$$

上式中的 $\varphi_{相}$ 是相电压与相电流之间的相位差，而不是线电压与线电流之间的相位差。

例 4-1　有一对称三相负载，每相负载的电阻 $R = 32\Omega$，感抗 $X = 24\Omega$，一对称三相电源的线电压 $U_{线} = 380V$，试求下面两种情况下负载的相电流、线电流、有功功率、无功功率和视在功率：（1）负载连成星形，接在三相电源上；（2）负载连成三角形，接在三相电源上。

解：（1）负载作星形联结时

$$U_{相} = \frac{U_{线}}{\sqrt{3}} = \frac{380}{\sqrt{3}} = 220V$$

$$I_{相} = \frac{U_{相}}{|Z|} = \frac{220}{\sqrt{32^2 + 24^2}} = \frac{220}{40} = 5.5A$$

$$I_{线} = I_{相} = 5.5A$$

$$\cos\varphi_{相} = \frac{R}{|Z|} = \frac{32}{40} = 0.8$$

$$\sin\varphi_{相} = \frac{X}{|Z|} = \frac{24}{40} = 0.6$$

$$P = \sqrt{3}U_{线}\ I_{线}\ \cos\varphi_{相} = \sqrt{3} \times 380 \times 5.5 \times 0.8W = 2895.90W$$

$$Q = \sqrt{3}U_{线}\ I_{线}\ \sin\varphi_{相} = \sqrt{3} \times 380 \times 5.5 \times 0.6var = 2171.93var$$

$$S = \sqrt{3}U_{线}\ I_{线} = \sqrt{3} \times 380 \times 5.5W = 3619.88W$$

（2）负载作三角形联结时

$$U_{相} = U_{线} = 380V$$

$$I_{相} = \frac{U_{相}}{|Z|} = \frac{380}{40}A = 9.5A$$

$$I_{线} = \sqrt{3}I_{相} = \sqrt{3} \times 9.5A = 16.45A$$

$$\cos\varphi_{相} = \frac{R}{|Z|} = \frac{32}{40} = 0.8$$

$$\sin\varphi_{相} = \frac{X}{|Z|} = \frac{24}{40} = 0.6$$

$$P = \sqrt{3}U_{线}\ I_{线}\ \cos\varphi_{相} = \sqrt{3} \times 380 \times 16.45 \times 0.8W = 8661.39W$$

$$Q = \sqrt{3}U_{线}\ I_{线}\ \sin\varphi_{相} = \sqrt{3} \times 380 \times 16.45 \times 0.6var = 6496.04var$$

$$S = \sqrt{3}U_{线}\ I_{线} = \sqrt{3} \times 380 \times 16.45W = 10826.73W$$

知识点

1. 三相交流电与连接方式

（1）对称三相交流电是指三个最大值相等、频率相同、相位互差120°的三个正弦交流量。

（2）对称三相电源有星形联结和三角形联结两种，一般多采用星形联结。星形联结的三相四线制，线电压是相电压的$\sqrt{3}$倍。

（3）负载阻抗都相等的三相负载称为对称三相负载。三相负载也有星形联结和三角形联结。星形联结时，各负载承受的电压为对称的电源相电压，而线电流等于负载的相电流。三角形联结时，各负载承受的电压为对称的电源线电压，而负载对称时，线电流等于负载的相电流的$\sqrt{3}$倍。

2. 功率计算

对称三相制中，不论三相负载作何连接，三相有功功率、无功功率、视在功率可表示为

$$P = \sqrt{3}\,U_{\text{线}}\,I_{\text{线}}\,\cos\varphi_{\text{相}}$$

$$Q = \sqrt{3}\,U_{\text{线}}\,I_{\text{线}}\,\sin\varphi_{\text{相}}$$

$$S = \sqrt{3}\,U_{\text{线}}\,I_{\text{线}} = \sqrt{P^2 + Q^2}$$

3. 中线的作用

三相四线制中，中性线的作用在于使负载中性点与电流中性点电位保持相等，三相负载成为三个互不影响的独立电路。所以在不对称负载时（例如照明用电）都需要有中性线。注意采用三相四线制供电时，中性线不能安装熔体，这样才能保证各相所接负载正常工作。

你知道吗？　　市电电压

我国规定，供电系统供电电压(低压)的标准线电压$U_{\text{线}}=380$V，相电压$U_{\text{相}}==220$V，交流频率$f=50$Hz，这一交流电称为市电，如图4-25所示。不同国家和地区所规定的市电标准电压不完全相同，通常有"220V，50Hz"及"110V，50Hz"两种，在使用电气设备尤其是进口设备时必须注意该电器的额定电压与本地市电标准电压是否一致。以防止电压不匹配造成事故。

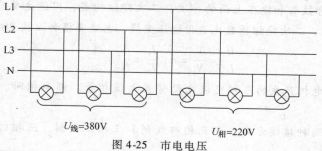

图4-25　市电电压

本节习题

1. 判断题

判断以下结论正确与否？并把错误的改正过来。

（1）三相四线制只能提供一种电压。

（2）当三相负载作星形联结时，必须有中性线。

（3）三相负载越接近对称，中性线电流就越小。

2. 填空题

（1）三相交流电是指由三个频率_____，幅值_____相位互差_____的单相交流电动势组成的供电系统。

（2）已知对称三相电动势的 $u_U = 220\sin(314t)$，则 $u_V = $ _____，$u_W = $ _____。

（3）三相四线制能提供两种电压，线电压是指_____与_____之间的电压；相电压是指_____与_____之间的电压，且 $u_{线} = $ _____ $u_{相}$。

（4）某电网的电压是 220kV，是指_____电压为 220kV。

（5）某低压供电系统的线电压是 220V，则其相电压是_____。

（6）有中性线的三相供电方式称为_____制，如不引出中性线，则称为_____制。

3. 计算题

（1）在三相四线制供电线路中，测得线电压为 381.5V，试求相电压的有效值、最大值及线电压的最大值。

（2）在三相对称电路中，电源的线电压为 380V，每相负载电阻 $R = 10\Omega$。试求负载连成 Y 或 △ 时的相电压、相电流和线电流。

本 章 小 结

1. 当人体接触（或靠近）带电体时，容易触电。触电的方式有单相触电、两相触电、跨步电压触电、接触电压触电等。

2. 安全用电的原则是：不接触低压带电体，不靠近高压带电体。

3. 变压器由闭合铁心和绕在上面的一次、二次绕组构成，用途主要有传输电能、信号传递。变压器按其一次、二次绕组匝数比进行电压变换、电流变换和阻抗变换。理想情况下有

$$\frac{U_1}{U_2} = \frac{N_1}{N_2} = n, \quad \frac{I_1}{I_2} = \frac{N_2}{N_1} = \frac{1}{n}$$

4. 三相交流发电机产生的三相交流电动势最大值相等、频率相同、初相互差 180°，称为对称三相电动势。

5. 三相电源有两种接线方式，即三相四线制和三相三线制。三相四线制中不允许撤销中性线。

6. 三相负载的联结方式有星形联结和三角形联结。

本章测验题

一、填空题

（1）三相四线制供电线路可以提供_____种电压。相线和中性线之间的电压称为_____，相线和相线之间的电压称为_____。

（2）三相交流发电机绕组作星形联结，如发电机每相绕组的正弦电压最大值是 220 V，则其线电压是_____。

（3）低压供电系统中，通常家用电器的额定电压为_____，三相电动机的额定电压为_____。

（4）三相四线制照明电路中，忽然有两相电灯变暗，一相变亮，出现故障的原因是_____。

（5）变压器的基本结构是由_____和_____两大部分组成。

（6）一般环境的安全电压为_____ V。

（7）人体触电的方式多种多样，常见的有_____、两相触电、_____等。

（8）三相负载的连接方式主要有_____联结和_____联结。

（9）安全用电主要包括_____和_____两方面。

（10）触电是指_____流过人体致使组织损伤和功能障碍甚至死亡的现象。

（11）变压器改变_____一次、二次绕组电压数值，_____改变其频率数值。（能或不能）

二、选择题

（1）三相四线制供电电路的中性线上不准安装开关和熔断器的原因是（　　　）。

A. 中性线上无电流，不需要熔断器保护

B. 开关接通或断开时对电路无影响

C. 安装开关和熔断器使中性线的机械强度降低

D. 开关断开或熔体熔断后，三相不对称负载将承受三相不对称电压，无法正常工作

（2）如图 4-26 所示三相供电线路上，连接三个额定电压及额定功率均相同的电灯，如中性线断开后又有一相断路，那么其他两相中的电灯（　　　）。

A. 两个灯因过亮而烧毁　　　B. 两个灯都变暗

C. 两个灯立即熄灭　　　　　D. 两个灯都正常发光

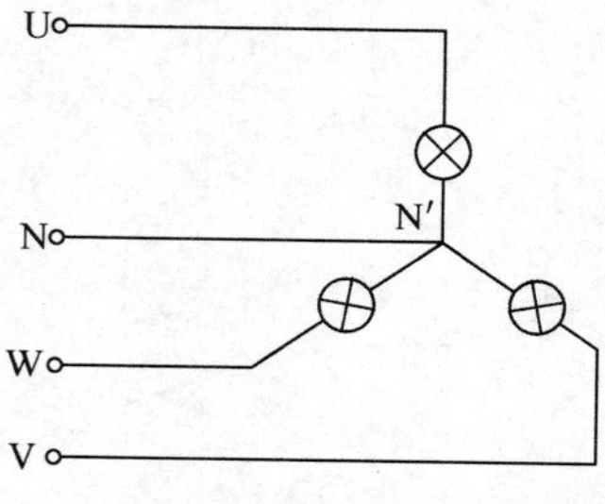

（3）原为三相四线制供电，若断掉一根相线，则成为（　　　）。

A. 单相供电　　B. 二相供电　　C. 三相供电　　D. 不能确定

（4）三相四线制照明系统中，忽然有两相电灯变暗，一相变亮，出现故障的原因是（　　　）。

A. 电源电压突然降低　　　　　　B. 有一相短路

C. 不对称负载，中性线突然断开　　D. 有一相断路

（5）变压器中起传递电能作用的是（　　　）。

A. 磁通　　B. 电压　　C. 电流

（6）变压器一次、二次绕组中不能改变的物理量是（　　　）。

A. 电压　　B. 电流　　C. 阻抗　　D. 频率

（7）电气设备发生火灾原因很多，以下不会引发火灾的是（　　　）。

A. 设备长期过载　　B. 严格按照额定值规定条件使用产品

C. 线路绝缘老化　　D. 线路漏电

（8）辉光启动器中装有一只电容器，其作用是（　　　）。

A. 提高荧光灯电路的功率因数　　B. 保护辉光启动器的动、静触片

图 4-26　选择题第（2）题图

C. 通交流、隔直流

三、判断题（正确的打"√"，错误的打"×"）

（1）所谓三相制就是由三个频率相同而相位也相同的电动势供电的电源系统。（　）

（2）人体触及单根相线有可能触电。（　）

（3）三相电源系统总是对称的，与负载的连接方式无关。（　）

（4）交流电正负交替出现，那么人手触及中性线（零线）也要触电。（　）

（5）开关控制相线。（　）

（6）三相负载一般可采用三相三线制接法。（　）

（7）灯泡用久了会发黑是因为玻璃壳变质。（　）

（8）电流通过人体的任一部位，都一定致人死亡。（　）

（9）电气火灾一旦发生，应立即用水扑灭。（　）

（10）验电笔的使用很广泛，高、低压都可使用。（　）

四、计算题

一台单相变压器，一次绕组 $U_1 = 220\text{V}$，$n = 12$，求二次绕组 U_2 为多大？若 $I_2 = 2\text{A}$，一次绕组电流多大？

*第五章 线性电路的暂态过程

你将学到什么知识呢？

◇ 你要理解电路的稳态和暂态过程的概念；

◇ 你要应用换路定律，确定电路暂态过程的初始值；

◇ 你要理解RC电路和RL电路的暂态过程中电压和电流的计算；

◇ 你要掌握一阶线性电路暂态过程的三要素法。

第一节 换路定律及暂态过程初始值的确定

一、稳态与暂态

（一）稳态与暂态

所谓稳态就是指电路中的电压、电流已经达到某一稳定值，即电压和电流为恒定不变的直流，或者是最大值与频率固定的正弦交流。

电路从一种稳态向另一种稳态的转变过程称为暂态过程，也称为过渡过程。电路在暂态过程中的状态称为暂态。如图5-1所示。

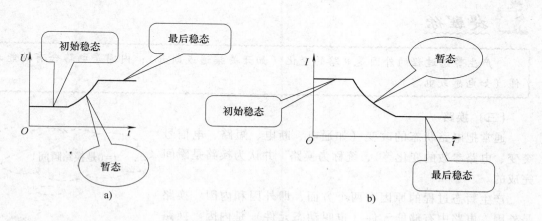

图 5-1 稳态与暂态的波形图

（二）暂态过程产生的原因

为了解电路产生暂态过程的原因，我们观察一个实验现象。实验电路如图5-2所示。

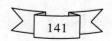

图 5-2 暂态过程演示实验电路图

开关 S 闭合时，三个灯泡的发光变化不相同。

电阻支路：灯泡 EL1 立即发光，且亮度不再变化，说明这一支路没有经历暂态过程，直接进入了新的稳态；

电感支路：灯泡 EL2 由暗变亮，最后达到稳定，说明电感支路经历了暂态过程；

电容支路：灯泡 EL3 由亮变暗，最后熄灭，说明电容支路经历了暂态过程。

图 5-3 所示说明了不同光路中电压与电流的变化情况。

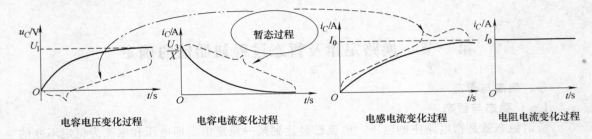

电容电压变化过程　　电容电流变化过程　　电感电流变化过程　　电阻电流变化过程

图 5-3 稳态过程

若开关 S 状态（断开或闭合）保持不变，则观察不到这些现象。

 提醒你

产生暂态过程的外因是电路的变化（如开关接通或断开）；内因是电路含有储能元件（如电感或电容）。

（三）换路

通常把电路状态的改变（如通电、断电、短路、电信号突变、电路参数的变化等），统称为换路，并认为换路是瞬间完成的。

产生暂态过程的原因有两个方面，即外因和内因。换路是外因，电路中有储能元件（也叫动态元件）是内因。换路迫使电路中的储能元件进行能量的转移或重新分配，而能量的变化又不能从一种状态直接跃变到另一种状态，必须经历一个逐渐变化过程，这就是暂态过程的实质。

二、换路定律及暂态过程初始值

（一）换路定律

为便于电路分析，做如下设定：$t=0$ 为换路瞬间，$t=0_-$ 表示换路前的一瞬间，$t=0_+$ 表示换路后的一瞬间。

提醒你

> 　在数学意义上，0_- 和 0_+ 在数值上都等于 0，但前者是指 t 从负值趋近于零，后者是指 t 从正值趋近于零。

电感元件中，储存的磁场能量 $W_L = \dfrac{1}{2}Li_L^2$ 换路时不能突变，所以流过电感的电流 i_L 不能突变。电容元件中，储存的电场能量 $W_C = \dfrac{1}{2}Cu_C^2$ 换路时不能突变，所以电容两端的电压 u_C 不能突变。即换路时，电容上的电压和电感上的电流不能突变。这一结论叫做换路定律。公式表示如下：

$$\left.\begin{array}{l} u_C(0_+) = u_C(0_-) \\ i_L(0_+) = i_L(0_-) \end{array}\right\} \tag{5-1}$$

式中，

$u_C(0_-)$——换路前瞬间电容两端的电压，单位为 V；

$u_C(0_+)$——换路后瞬间电容两端的电压，单位为 V；

$i_L(0_-)$——换路前瞬间电感元件中通过的电流，单位为 A；

$i_L(0_+)$——换路后瞬间电感元件中通过的电流，单位为 A。

提醒你

> 　电路在换路时，只是电容上的电压和电荷不能突变，电感上的电流和磁链不能突变，而电路中其他的电压和电流（电容中的电流、电感上的电压以及电阻上的电压和电流）是可以突变的。

（二）电路初始值的确定

$t=0_+$ 时刻，电路中的 $u_C(0_+)$、$i_L(0_+)$ 称为电容电压、电感电流的初始值。初始值的计算包括以下几个步骤

1. 根据换路前的电路，求出换路前瞬间的值，即 $t=0_-$ 时的电容电压 $u_C(0_-)$ 或电感中的电流值 $i_L(0_-)$。

2. 根据换路定律，求出换路后瞬间的值，即 $t=0_+$ 时的电容电压 $u_C(0_+)$ 或电感电流 $i_L(0_+)$ 值。

例 5-1　图 5-4a 所示的电路中，已知 $R_1=4\Omega$，$R_2=6\Omega$，$U_s=10\text{V}$，开关 S 闭合前电路已达到稳定状态，求换路后瞬间各元件上的电压和电流。

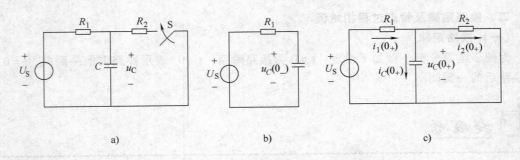

图 5-4　例 5-1 图

a）原电路　b）$t=0_-$ 时的等效电路　c）$t=0_+$ 时的等效电路

解：（1）换路前开关 S 尚未闭合，R_2 电阻没有接入，电路如图 5-1b 所示。

（2）根据 $t=0_-$ 时的等效电路，由换路定律，可得

$$u_C(0_+) = u_C(0_-) = 10\text{V}$$

$t=0$ 时，电路处于稳态，电容器中电流为零！

（3）开关 S 闭合后，R_2 电阻接入电路，$t=0_+$ 时的等效电路，如图 5-1c 所示。

（4）如图 5-1c 所示求出各个电压和电流值

$$i_1(0_+) = \frac{U_S - u_C(0_+)}{R_1} = \frac{10-10}{4}\text{A}$$

$$= 0\text{A}$$

$$u_{R_1}(0_+) = Ri_1(0_+) = 0\text{V}$$

$$u_{R_2}(0_+) = u_C(0_+) = 10\text{V}$$

$$i_2(0_+) = \frac{u_{R_2}(0_+)}{R_2} = \frac{10}{6}\text{A} = 1.67\text{A}$$

$$i_C(0_+) = i_1(0_+) - i_2(0_+)$$

$$= -i_2(0_+) = -1.67\text{A}$$

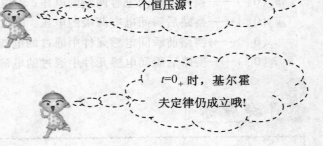

$t=0_+$ 时，电容器相当于一个恒压源！

$t=0_+$ 时，基尔霍夫定律仍成立哦！

提醒你

计算电路 $t=0_+$ 时电压和电流的初始值，只需计算 $t=0_-$ 时的 i_L 和 u_C，因为它们不能跃变，而 $t=0_-$ 时的其余电压和电流都与初始值无关，不必去求。

知识点

1. 暂态过程与换路定律

（1）电路状态的改变（如通电、断电、短路、电信号突变、电路参数的变化等），统称为换路。

（2）换路定律：电路换路时，各储能元件的能量不能跃变。具体表现在电容电压不能跃变，电感电流不能跃变。换路定律的数学表达式见式（5-1）。

2. 根据换路定律可求出电容电压和电感电流的初始值，再根据基尔霍夫定律求出其他电压、电流的初始值。

你知道吗？　　暂态过程的利与弊

暂态过程的存在有利有弊。有利的方面，如电子技术中常用它来产生各种波形；不利的方面，电路在暂态过程中可能产生比稳定状态时大得多的过电压和过电流，而过电压严重地威胁着电气设备的绝缘性能，过电流所产生的电磁力也将会对电气设备造成机械损坏。因此，我们在生产实际中既要充分地利用它的有利面，又要防止它的不利面对生产实际造成危害。

本节习题

填空题

（1）把 $t = 0_+$ 时刻电路中＿＿＿＿、＿＿＿＿、＿＿＿＿和＿＿＿＿分别称为电容电压、电容电荷、电感电流和电感磁链的初始值。

（2）产生暂态过程的原因有两个方面，即外因和内因。＿＿＿＿是外因，＿＿＿＿是内因。

（3）暂态过程是含有＿＿＿＿的电路由一种稳态转换为另一种稳态所经历的过程。

（4）换路的瞬间，电容元件的＿＿＿＿不能突变；电感元件的＿＿＿＿不能突变。

（5）电路如图 5-5 所示，已知 $U_S = 10V$，$R_1 = 15\Omega$，$R_2 = 5\Omega$，开关 S 断开前电路处于稳态。求开关 S 断开后电路中各电压、电流的初始值。

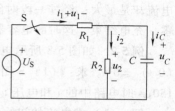

图 5-5　习题（5）图

第二节　RC 串联电路的暂态过程

一、电容充电过程的电压和电流

图 5-6 所示是 RC 串联电路，开关 S 断开时，电容 C 上没有储能。在 $t=0$ 时闭合开关 S，电源 U_s 对电容 C 充电，电路中的电压和电流发生了变化。

电容两端电压为零哦!

图 5-6　电容充电电路

电容充电过程中电压、电流按指数规律变化，即

电容的充电电压

$$u_c(t) = U_S(1 - e^{-\frac{t}{RC}}) \quad (t \geqslant 0) \tag{5-2}$$

其中，RC 称为时间常数，用 τ 表示，即 $\tau = RC$，故上式还可表示为

$$u_c(t) = U_S(1 - e^{-\frac{t}{\tau}}) \quad (t \geqslant 0) \tag{5-3}$$

由欧姆定律，可得出电容中的电流则为

$$i(t) = \frac{U_S}{R}e^{-\frac{t}{\tau}} \quad (t \geqslant 0) \tag{5-4}$$

 提醒你

利用式（5-3）、式（5-4）计算 RC 电路的放电电压和电流时，各物理量要使用国际单位。R 的单位用欧姆（Ω），C 的单位用法拉（F），t 的单位用秒（s），电压单位用伏特（V），电流单位用安培（A）。

$u_c(t)$、$i(t)$ 变化曲线分别如图 5-7a、b 所示。

从图 5-7 中可以看出，电容刚开始充电时，电压为零，电容相当于短接，电路中的充电电流却是最大；经过一段时间达到新稳态后，电容电压等于电源电动势，电路中的电流为零，充电结束，这时的电容器相当于开路。

例 5-2　如图 5-8 所示电路，已知 $u_c = 0.5\mu F$，$R = 100\Omega$，$U_s = 220V$，当 $t = 0_-$ 时，$u_c(0_-) = 0V$。求：（1）S 闭合后电流的初始值 $i(0_+)$ 和时间常数 τ；（2）当 S 接通后 $150\mu s$ 时电路中的 i 和电压 u_c 的数值。

解：（1）求电流的初始值

S 接通前，$u_c(0_-) = 0V$，由换路定律可得，$u_c(0_+) = u_c(0_-) = 0V$，电阻 R 两端电压就等于 U_s，由欧姆定律可得出，$i(0_+) = \dfrac{U_S}{R} = \dfrac{220}{100}A = 2.2A$

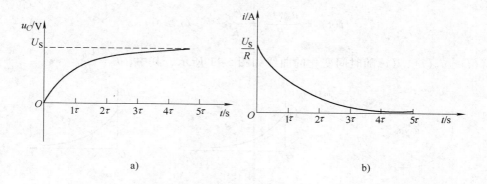

图 5-7　充电时电容电压、电流变化曲线

a）电容电压放电曲线　b）电容电流充电曲线

时间常数 $\tau = RC = 100 \times 0.5 \times 10^{-6}\text{s} = 50\mu\text{s}$

（2）求 $t = 150\mu\text{s}$ 时 u_c 和 i

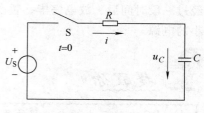

图 5-8　例 5-2 图

根据式（5-10）可得到：$u_c = U_\text{s}(1 - e^{-\frac{t}{\tau}})\big|_{t=150\mu\text{s}} =$

$220(1 - e^{-\frac{150}{50}})\text{V} = 220(1 - e^{-3})\text{V} = 209V$

根据式（5-11）可得到：$i = \dfrac{U_\text{s}}{R}e^{-\frac{t}{\tau}} = \dfrac{220}{100}e^{-\frac{150}{50}}\text{A} =$

$2.2e^{-3}\text{A} = 0.11\text{A}$

二、电容放电过程中的电压和电流

如图 5-9 所示电路中，先将开关 S 接在位置 2 上，电源对电容充电，达到稳定状态后，在某一时刻（设为 $t = 0$），将开关从位置 2 切换到位置 1，电路脱离电源，电容器对电阻 R 放电，电路中的电压和电流发生了变化。

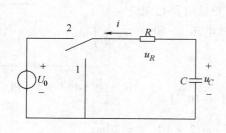

图 5-9　RC 串联电路的电容放电

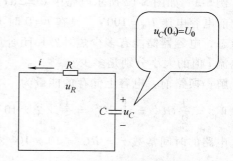

图 5-10　电容放电时的等效电路

电容放电时，其两端的电压、电流按指数规律变化，即电容上放电电压 u_c 满足下式

$$u_c = U_0 e^{-\frac{t}{\tau}} \quad (t \geqslant 0) \tag{5-5}$$

式（5-5）中，$\tau = RC$，称为 RC 串联电路放电时的时间常数。

放电过程的等效电路如图 5-10 所示，由基尔电压霍夫定律，可得

$$u_R(t) = u_c(t) = U_0 e^{-\frac{t}{\tau}} \tag{5-6}$$

由欧姆定律，可得

$$i(t) = \frac{u_R(t)}{R} = \frac{U_0}{R}e^{-\frac{t}{RC}} \quad (t \geqslant 0) \tag{5-7}$$

$u_C(t)$、$u_R(t)$、$i(t)$ 随时间变化的曲线如图 5-11 所示，其中，$I_s = \frac{U_0}{R}$。

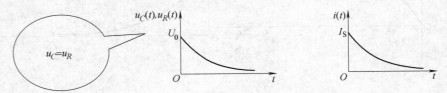

图 5-11　RC 串联电路电压与电流的放电曲线

从图中可看出，电容放电时，电容电压和电阻上的电压、电流随时间按指数规律减少，经过一段时间后，放电完毕，暂态过程结束。放电过程中，电容器相当于一个电动势不断减小的电源。

提醒你

RC 电路产生暂态过程的原因是由于电容是储能元件，电容两端的电压不能突变。

电容器充电后储存的电场能量为 $W_C = \frac{1}{2}CU_s^2 = \frac{1}{2}CU_0^2$，而在整个放电过程中，根据能量守恒定律，电容器中的电场能全部转换为电阻上的热能而消耗掉。即电阻消耗的电能为 $W_R = W_C = \frac{1}{2}CU_0^2$。

例 5-3　如图 5-12 所示电路中 $C = 2\mu F$，$R = 10k\Omega$，开关 K 未闭合前电容电压 $U_0 = 100V$，设在 $t = 0$ 时 K 闭合，并且电路已处于稳态，电容器储能有多少焦耳？K 闭合后 20ms 时电压 u_C 和放电电流 i 值的大小分别是多少？

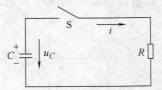

图 5-12　例 5-3 图

解：换路前，电容上储存的能量为

$$W_C = \frac{1}{2}CU_s^2 = \frac{1}{2}CU_0^2 = \frac{1}{2} \times 2 \times 10^{-6} \times 100^2 J = 10^{-4}J$$

电路的时间常数 $\tau = RC = 10 \times 10^3 \times 2 \times 10^{-6}s = 2 \times 10^{-2}s = 20ms$

由式（5-2）可得 $u_C = U_0 e^{-\frac{t}{RC}}$，

当 $t = 20ms$ 时，$u_C(20ms) = U_0 e^{-\frac{t}{RC}} \big|_{t=20ms} = 100e^{-1}V = 100 \times 0.368V = 36.8V$

此时的放电电流

$$i(20ms) = \frac{U_0}{R}e^{-\frac{t}{\tau}} \big|_{t=20ms} = \frac{u_C(20ms)}{R} = \frac{36.8}{10 \times 10^3}A = 0.00368A = 3.68mA$$

三、时间常数

RC 串联电路电容的充、放电过程中，电压与电流的变化规律都与时间常数 τ 有关。

$$\tau = RC \tag{5-8}$$

提醒你

τ 只与 R 和 C 的乘积有关，与电路的初始状态和外加电压和电流无关。当 R 的单位用欧姆（Ω），C 的单位用法拉（F）时，τ 的单位是秒（s）。

τ 对电路的暂态过程有什么影响呢？下面以电容放电过程为例进行分析。

电容放电时，放电电压和放电电流分别为

$$u_C(t) = U_0 e^{-\frac{t}{\tau}} \quad (t \geq 0), \quad i(t) = \frac{U_0}{R} e^{-\frac{t}{\tau}} \quad (t \geq 0)$$

RC 串联电路的电压和电流放电曲线都是随时间按指数规律衰减的曲线，其衰减快慢取决于 τ 的值。在保持电容电压初始值 U_S 一定和电容 C 不变的情况下，通过改变 R 来改变 τ，分别画出放电曲线，如图 5-13 所示。

图 5-13　$u_C(t)$ 受 τ 影响情况

由图 5-13 可知，τ 越大，电压衰减得越慢，τ 反映了 RC 串联电路暂态过程持续时间的长短。另一方面，随着时间变化，电容电压不断减少，放电结束时间与 τ 有什么关系呢？

当 $t = \tau$ 时，$u_C(\tau) = U_0 e^{-\frac{t}{\tau}} = U_0 e^{-1} = 0.368U_0$，放电经时间 τ 后，电容电压 u_C 只有 $0.368U_0$，分别计算 $t = 2\tau, 3\tau, 4\tau, 5\tau \cdots$ 时的 u_C 值，见表 5-1。

表 5-1　电压的衰减

t	0	τ	2τ	3τ	4τ	5τ	$\cdots$	∞
$e^{-\frac{t}{\tau}}$	1	0.368	0.135	0.05	0.018	0.007	$\cdots$	0
$u_C(t)$	U_S	$0.368U_S$	$0.135U_S$	$0.05U_S$	$0.018U_S$	$0.007U_S$	$\cdots$	0

由表 5-1 可以看出，τ 是电容电压衰减到原来的 36.8% 时所需要的时间。只要时间经过了 $3\tau \sim 5\tau$，电压或电流就已经衰减到了可以忽略不计的程度。

当 $t = 4\tau$ 时，电容电压只有初始值的 1.2%，小于 5%。在工程上，一般认为电压 $u_C(t)$ 衰减到 5% 以下时，即当 $t = 4\tau$ 以后，暂态过程基本结束，电路进入新的稳定状态。

知识点

1. RC 串联电路中电容充电过程中的电容电压，是一上升指数函数曲线，由零上升到新的稳态值 U_S，而充电电流则是一条下降指数函数曲线，它们可以用公式表示。

2. RC 电路在放电过程中的电压和电流都是下降函数指数曲线，可用公式表示。

3. RC 串联电路的时间常数 $\tau = RC$，反映了暂态过程的持续时间的长短，在工程上，认为换路后经过 4τ 的时间暂态过程就基本结束。τ 决定于电路参数 R 和 C 的乘积，与电路初始状态、外加电压和电流无关。

你知道吗？　RC 电路的应用

RC 串联电路在模拟电路、脉冲数字电路中得到广泛的应用，由于电路的形式以及信号源和 R，C 元件参数的不同，因而组成了 RC 电路的各种应用形式：微分电路、积分电路、耦合电路、滤波电路及脉冲分压器等。

本节习题

填空题

（1）在 RC 串联电路中电容放电时，已知 $R = 1\,\Omega$，$C = 5\,\mu F$，则电容 C 经过 _____ s 后放电基本结束。

（2）时间常数 τ 反映了 _____，它决定于 __ 和的乘积，它与 _____ 无关，τ 越大，RC 串联电路的暂态过程就 _____。

（3）图 5-14 所示为一实际电容器的等效电路，充电后切断电源，电容通过电阻 R 释放其储存的能量。设 $U_c(0_-) = 104V$，$C = 500\,\mu F$，$R = 4M\Omega$，试计算：电容 C 的初始储能；放电电流的最大值；电容电压降到人身安全电压 36V 所需的时间。

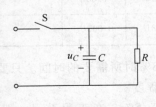

图 5-14　习题（3）图

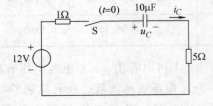

图 5-15　习题（4）图

（4）如图 5-15 所示电路，开关 S 断开时电容储能为零。在 $t = 0$ 时将开关 S 闭合，求 S 闭合后要用多长时间才能使电容两端电压达到 8V？此时电容的储能 W_c 等于多少？

第三节 RL 电路的暂态过程

一、RL 电路接通直流电源时的电流与电压

图 5-16 所示电路为 RL 串联电路，开关 S 断开时电路处于稳态，且 L 中无储能。在 $t=0$ 时将 S 闭合，此时 RL 串联电路与外部电源接通，电流从零开始不断增加，电感 L 将不断地从电源吸取电能转换为磁场能，储存在线圈内部，直到电阻两端的电压等于电源电压时才达到稳态，这时电路中的电流为 $\dfrac{U_S}{R}$，电路中的电压和电流不再变化。

在换路前，电感中电流为零哦！

图 5-16 RL 电路接通直流电源

RL 串联电路在接通直流电源后发生的暂态过程中，电感中的电流按指数规律减少，即

$$i_L(t) = \frac{U_S}{R}\left(1 - e^{-\frac{R}{L}t}\right) \quad (t \geqslant 0)$$

设 $\tau = \dfrac{L}{R}$，称为 RL 电路的时间常数。它反映了 RL 电路暂态过程持续时间的长短。

提醒你

> L 的单位用亨利（H），R 的单位用欧姆（Ω），τ 的单位是秒（s）。

电感中的电流的计算公式，可写为

$$i_L(t) = \frac{U_S}{R}\left(1 - e^{-\frac{t}{\tau}}\right) \quad (t \geqslant 0) \tag{5-9}$$

式中 U_S——直流电源的电动势，单位为 V；

       R——RL 串联电路中的电阻，单位为 Ω；

       L——RL 串联电路中的电感，单位为 H；

   $i_L(t)$——RL 串联电路在接通直流电源时，电感电流的变化规律；

       τ——RL 串联电路的时间常数，计算公式为 $\tau = \dfrac{L}{R}$，单位为 s。

提醒你

与 RC 串联电路电容充电类似，由公式（5-8）可计算出，当 $t = 4\tau$ 时，$i_L \approx 0.98 \dfrac{U_s}{R}$，说明 $i_L(t)$ 已接近稳态值 $\dfrac{U_s}{R}$，可以认为暂态过程结束，电路进入新的稳态。

由欧姆定律，可得到
$$u_R = i_L R = U_s - U_s e^{-\frac{t}{\tau}} \tag{5-10}$$

由 KVL 可得，电感电压为 $u_L = U_s - u_R$，把上式代入，可得：
$$u_L = U_s e^{-\frac{1}{\tau}t} \quad (t \geqslant 0) \tag{5-11}$$

$i_L(t)$、$u_R(t)$ 和 $u_L(t)$ 的变化曲线如图 5-17 所示。

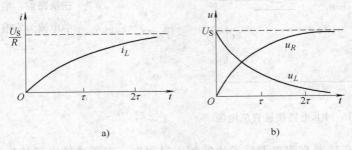

a)   b)

图 5-17 $i_L(t)$、$u_R(t)$ 和 $u_L(t)$ 的变化曲线

由图 5-17 可知，通过电感的电流 i_L 不断增加时，电感两端的电压却逐渐减少，而电阻两端的电压是不断增加的，当达到新的稳态时，电源电压全部加在电阻上，电感相当于短接。

提醒你

L 两端电压在 $t = 0$ 时，是从 0 突变到 U_s 的，不存在暂态过程。

例 5-4 如图 5-18 所示电路 $U_s = 20\text{V}$，$R = 20\text{V}$，$L = 5\text{H}$，当开关 S 闭合后，试求：（1）电路的稳态电流 I 及电流等于 $0.632I$ 时所需要的时间；（2）求当时间 $t = 0$，$t = 0.5\text{s}$ 及 $t = \infty$（即达到新的稳态）时线圈两端的电压值。

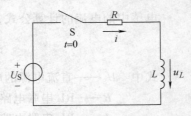

图 5-18   例 5-4 图

解：（1）当电路达到稳态时，L 相当于短接，稳态电流
$$I = \frac{U_s}{R} = \frac{20}{20}\text{A} = 1\text{A}$$

当电流上升到稳态值的 63.2% 时所需要的时间恰为电路的时间常数 τ。
$$\tau = \frac{L}{R} = \frac{5}{20}\text{s} = 0.25\text{s}$$

（2）由式（5-10）可得电感两端电压

$$u_L = U_S e^{-\frac{t}{\tau}} = 20e^{-4t}$$

当 $t=0$ 时，$u_L(0_+) = U_S = 20\text{V}$（$L$ 相当于开路）

当 $t=0.5\text{s}$ 时，$u_L = U_S e^{-\frac{0.5}{0.25}} = 20e^{-2}\text{V} \approx 2.7\text{V}$

当 $t=\infty$ 时，$u_L = 0\text{V}$（L 相当于短路）

二、RL 电路短接时的电流与电压

如图 5-19a 所示电路中，开关 S 接在位置 1 时电路处于稳态。在 $t=0$ 时，将开关 S 由位置 1 切换到位置 2，进行短接。换路后，RL 电路与电源脱离，电感 L 将通过电阻 R 释放磁场能并转换为热能消耗掉，直到电路中的电流为零才达到新的稳态。图 5-19b 所示是换路后的等效电路图。

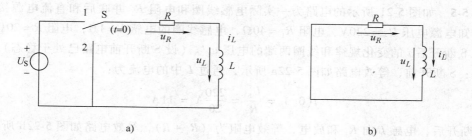

图 5-19　RL 电路短接的电路

a）换路前的电路　b）短接后的等效电路

在上述的 RL 电路暂态过程中，电感电流 $i_L(t)$ 可由下式计算。

$$i_L(t) = \frac{U_S}{R} e^{-\frac{1}{\tau}t} \quad (t \geqslant 0) \tag{5-12}$$

式中　U_S——直流电源的电动势，单位为 V；

$\quad\quad R$——RL 串联电路中的电阻，单位为 Ω；

$\quad\quad L$——RL 串联电路中的电感，单位为 H；

$\quad\quad \tau$——RL 串联电路的时间常数，计算公式为 $\tau = \dfrac{L}{R}$，单位为 s；

$i_L(t)$——RL 串联电路在短接后，电感电流的变化规律。

由欧姆定律，$u_R = iR = \dfrac{U_S}{R} e^{-\frac{1}{\tau}t} \times R = U_S e^{-\frac{t}{\tau}}$

由基尔霍夫电压定律，可得到 $u_L = -u_R$，所以

$$u_L = -u_R = -U_S e^{-\frac{1}{\tau}t} \quad (t \geqslant 0) \tag{5-13}$$

$i_L(t)$、$u_L(t)$ 的变化曲线如图 5-20 所示，它们都是按指数规律减少的。

提醒你

RL 串联电路中 $\tau = \dfrac{L}{R}$，所以，电感中的电流衰减的快慢决定于 R 和 L，当 R 一定时，L 越大，衰减得越慢；当 L 一定时，R 越小，衰减得越慢。

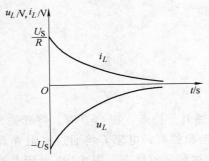

图 5-20　RL 电路短接后电流和电压

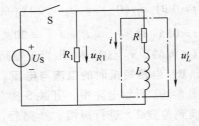

图 5-21　例 5-5 图

例 5-5　如图 5-21 所示的电路为一实际电感线圈和电阻 R_1 并联后和直流电源接通的电路，已知电源电压 $U_S = 220V$，电阻 $R_1 = 40\Omega$，电感线圈的电感 $L = 1H$，电阻 $R = 20\Omega$，试求当开关 S 断开后 i 的变化规律和线圈两端的电压 $u_L{}'$。（设 S 断开前电路已处于稳态）

解：S 断开前，等效电路如图 5-22a 所示，通过 L 中的电流为：

$$i(0_-) = \frac{U_S}{R} = \frac{220}{20}A = 11A$$

S 断开后，电感 L 向 R_1 和放电，等效电阻为 $(R_1 + R)$，等效电路如图 5-22b 所示，$\tau = \frac{L}{R_1 + R} = \frac{1}{60}s$。

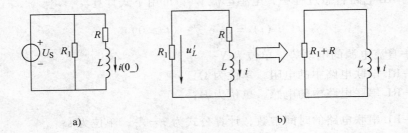

a)

b)

图 5-22　例 5-5 图

由式（5-12）可得：$i = \frac{U_S}{R_1 + R}e^{-\frac{t}{\tau}}$，代入数据，可得到，$i = 11e^{-60t}A$。

在开关 S 断开后瞬间（即 $t = 0_+$ 时），由换路定律，电感中的电流不能突变，$i(0_+) = i(0_-) = 11A$，由欧姆定律，实际电感线圈两端的电压 $u_L{}'(0_+) = -i(0_+)R_1 = -I_0R_1 = 011 \times 40V = -440V$。

此结果说明

（1）$t = 0_-$ 时 $u_{R_1}(0_-)$、$u_L{}'(0_-)$ 均为 220V，而开关 S 断开这一瞬间，实际电感线圈两端的电压由 220V 突变到 $-440V$。

（2）放电电阻 R_1 不能过大，否则线圈两端的电压会很高，易使线圈绝缘损坏。即使 R_1 是一只内阻很大的伏特表，该表也可能损坏。

知识点

1. RL 串联电路暂态过程的分析方法与 RC 电路完全相同，不同的只是电感元件中是储藏磁场能或释放磁场能，电感电流不能突变。

2. RL 电路串联暂态过程中的电感电流的变化规律，可用公式来表示，与 RC 电路中电容电压的变化规律相类似，都是指数函数形式。

3. RL 串联电路中的时间常数 $\tau = \dfrac{L}{R}$，只与 L、R 有关。

你知道吗？　荧光灯

荧光灯电路实际上就相当于一个电阻与电感串联的电路。

荧光灯电路由灯管、镇流器、辉光启动器三部分构成。当荧光灯接通电源后，辉光启动器开始辉光放电，灯丝发热，使氧化物发射电子。同时，辉光管内两个电极接通，电压为零，辉光放电停止。双金属片两电极脱离，在这一瞬间，回路中的电流突然切断，立即使镇流器两端产生比较高的感应电压，与电源电压一起加在灯管两端，产生弧光放电，从而点燃灯管。

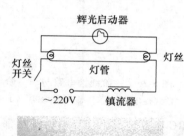

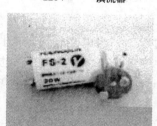

辉光启动器　　　　　　辉光放电

图 5-23　荧光灯

本节习题

1. 电路如图 5-24 所示，电源电压 $U_S = 10\text{V}$，$R = 2\Omega$，$L = 0.2\text{H}$，原来电感中没有储能，开关在 $t = 0$ 时闭合，试求开关闭合后 $i_L(t)$ 和 $u_L(t)$ 的变化规律。

2. 图 5-25 所示的电路，已知 $t = 0_-$ 时开关处于接通状态，电路处于稳态，$t = 0$ 时进行换路，求时间常数 τ、初始值 $i_L(0_-)$、$u_L(0_+)$ 和稳态值 $i_L(\infty)$。

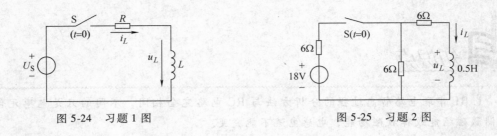

图 5-24 习题 1 图　　　　　　图 5-25 习题 2 图

第四节　一阶线性电路暂态过程的三要素

一、一阶直流线性电路的三要素

只含有一个或简化后只剩下一个独立储能元件的线性电路称为一阶线性电路。如图 5-26a、b所示的即为一阶线性电路，而图 5-26c 不是一阶电路。

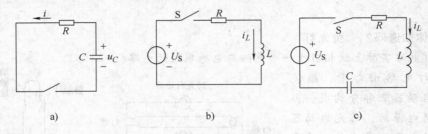

图 5-26　一阶线性电路与非一阶线性电路
a）一阶线性电路　b）一阶线性电路　c）非一阶线性电路

我们在前面所讨论的 RC 串联电路和 RL 串联电路都是一阶线性电路。

在一阶线性电路的暂态过程中，当电路经历足够长的时间后（表示为 $t = \infty$）的变量 f 的值 $f(\infty)$，称为暂态过程中变量的稳态值，在暂态过程开始时（$t = 0_+$）的值 $f(0_+)$ 称为暂态过程中变量的初始值。f 在这时可以是 RC 串联电路中的电容电压 u_C 和 RL 串联电路暂态过程中的电感电流 i_L。

稳态值 $f(\infty)$、初始值 $f(0_+)$ 和时间常数 τ 称为一阶电路暂态过程的三要素。

例如对于图 5-26a 所示的 RC 充电电路，稳态值 $f(\infty)$ 在这里就是换路后 u_C 稳态值 $u_C(\infty)$，$f(0_+)$ 就是刚换路后电容中的电流 $u_C(0_+)$，τ 是 RC 电路的时间常数，$\tau = RC$。

对于图 5-26b 所示的 RL 串联电路，稳态值 $f(\infty)$ 在这里就是换路后 i_L 的稳态值 $i_L(\infty)$，$f(0_+)$ 就是刚换路后电容中的电流 $i(0_+)$，τ 是 RL 电路的时间常数，$\tau = \dfrac{L}{R}$。

提醒你

> f 代表电容两端的电压 u_C 和电感中的电流 i_L 这样的物理量。

二、一阶直流线性电路的三要素法

所谓三要素法是指通过求解电路变量的三要素，即时间常数 τ、初始值 $f(0_+)$ 和稳态值

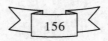

$f(\infty)$ 来确定电路暂态过程中的电压和电流的一种方法。

无论一阶电路的初始值等于多少，也不论它是充电过程还是放电过程，任何电压和电流随时间的变化规律，都可以统一表示为下面的公式

$$f(t) = f(\infty) + [f(0_+) - f(\infty)]e^{-\frac{t}{\tau}} \qquad (t \geq 0) \tag{5-14}$$

式中 $f(0_+)$ 是暂态过程中变量的初始值，$f(\infty)$ 是变量的稳态值，τ 是暂态过程的时间常数。

$f(t)$ 是变量 f 在换路过程中的电容两端的电压或流过电感的电流。只要知道这三个量就可以根据式（5-14）直接写出一阶电路暂态过程中电容电压或者电感电流的变化规律，这种方法称为三要素法。

提醒你

使用一阶线性电路三要素法的条件是：电路必须是一阶的，电路中的电源必须是直流。

对于 RC 串联电路，三要素法可以用以下的公式来计算

$$u_C(t) = u_C(\infty) + [u_C(0_+) - u_C(\infty)]e^{-\frac{t}{\tau}} \tag{5-15}$$

式中　$u_C(\infty)$——换路后 u_C 稳态值；单位为 V；

　　　$u_C(0_+)$——就是刚换路后电容中的电流，单位为 A；

　　　　　τ——RC 串联电路的时间常数，$\tau = RC$，单位为 s。

对于 RL 串联电路，三要素法可用下列公式计算

$$i_L(t) = i_L(\infty) + [i_L(0_+) - i_L(\infty)]e^{-\frac{t}{\tau}} \tag{5-16}$$

式中　$i_L(\infty)$——RL 串联电路换路后 i_L 稳态值，单位为 A；

　　　$i(0_+)$——换路后电容中的电流，单位为 A；

　　　　　τ——RL 电路的时间常数，$\tau = \dfrac{L}{R}$，单位为 s。

应用三要素法解题的一般步骤

1. 画出换路前的等效电路，求出 $f(0_-)$。

2. 根据换路定律，求出初始值 $f(0_+)$。

3. 画出换路后稳态等效电路，求出稳态值 $f(\infty)$。

4. 求出电路的时间常数 τ，$\tau = RC$ 或 $\tau = \dfrac{L}{R}$，其中 R 值是换路后断开储能元件 C 或 L，由储能元件两端看进去，用戴维南等效电路求得的等效电阻。

如图 5-27a 所示的电路中，求解开关 S 断开后电路的暂态过程，时间常数 $\tau = \dfrac{L}{R}$ 中的 R，就是开关 S 断开后，拿走电感 L，由电感 L 的两端看进去的电阻，$R = R_1 + R_2$，如图 5-27b 所示。

5. 把三要素代入式（5-15）或式（5-16）即可求出电压或电流。

例 5-6　如图 5-28 所示电路，已知 $U_S = 100V$，$R_1 = R_2 = 4\Omega$，$L = 4H$，原先开关 S 接通，电路已处于稳态。$t = 0$ 瞬间开关 S 断开，求 S 断开后电路中的电流 $i_L(t)$ 和电感两端电压 $u_L(t)$。

a)   b)

图 5-27　求等效电阻

解： 用三要素法求解。

（1）画出换路前（$t = 0_-$）的等效电路，如图 5-29 所示。再求出电感电流 $i_L(0_-)$。

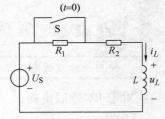

$$i(0_-) = \frac{U_s}{R_2} = \frac{100}{4}A = 25A$$

（2）根据换路定律，求出电感电流 i_L 的初始值 $i_L(0_+)$

$$i_L(0_+) = i(0_-) = 25A$$

图 5-28　例 5-6 图

（3）画出 $t = \infty$ 时的稳态等效电路（稳态时电感相当于短路），求出稳态下响应电流 $i_L(\infty)$。$t = \infty$ 时的稳态等效电路图如图 5-30 所示。

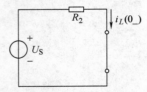

图 5-29　换路前（$t = 0_-$）
　　　　的等效电路

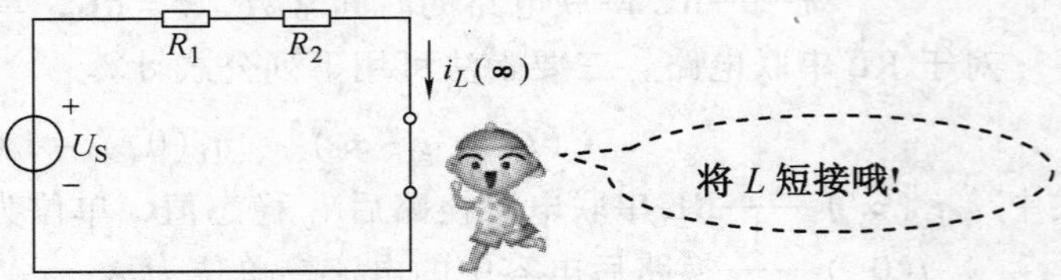

图 5-30　$t = \infty$ 时的稳
　　　　态等效电路图

将 L 短接哦！

由图 5-30 可求得稳态值 $i_L(\infty)$

$$i_L(\infty) = \frac{U_s}{R_1 + R_2} = \frac{100}{4 + 4}A = 12.5A$$

（4）求出电路的时间常数 τ。画出将 S 断开后，从 L 两端之外的电路作为有源两端网络时的等效戴维南等效电路，求等效电阻的电路如图 5-31 所示。

$$R = R_1 + R_2$$

$$\tau = \frac{L}{R} = \frac{L}{R_1 + R_2} = \frac{4}{4 + 4}s = 0.5s$$

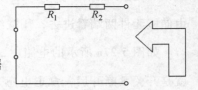

（5）根据所求得的三要素，得到 i_L，然后再求 u_L。根据公式（5-15），可得

图 5-31　例 5-6 图

$$i_L(t) = 12.5 + (25 - 12.5)e^{-\frac{t}{0.5}} = (12.5 + 12.5e^{-2t})A$$

电感的电压 $u_L(t)$

$$u_L(t) = U_s - u_R(t) = U_s - i_L(t) \times (R_1 + R_2) = 97e^{-2t}V$$

提醒你

可以利用三要素法求出暂态过程中电容两端的电压 u_C 和电感电流 i_L，然后利用欧姆定律和基尔霍夫定律计算其他电压和电流。

例5-7 如图5-32所示电路，开关S接在a点，电容储能为零。在 $t=0$ 时刻将开关S切换到b点，求电路换路后的 $u_c(t)$。

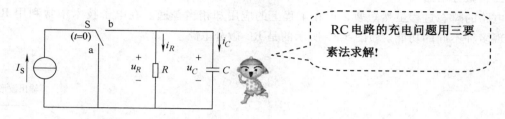

图5-32 例5-7图

解： 用三要素法求解。

（1）根据题意，换路前电容器储能为零，可求出 $u_c(0_-) = 0$

（2）根据换路定律，求出初始值 $u_c(0_+) = u_c(0_-) = 0$

（3）画出 $t=\infty$ 时的稳态等效电路（稳态时电容相当于短路），如图5-33所示，求出稳态下稳态值 $u_c(\infty) = u_R(\infty) = RI_S$

图5-33 $t=\infty$ 时的稳态等效电路

（4）求出电路的时间常数 τ。用计算戴维南等效电路的内阻的方法，画出等效电路，如图5-34所示。

图5-34 求等效电阻的电路图

可得到时间常数 τ：$\tau = RC$

（5）根据所求得的三要素，得到 $u_c(t)$。

根据式 (5-15)，可得出 $u_c(t) = RI_S + (0 - RI_S) \mathrm{e}^{-\frac{t}{RC}} = RI_S(1 - \mathrm{e}^{-\frac{t}{RC}})$ $(t \geq 0)$

提醒你

> 电容两端之外的电路可视为一个有源两端线性网络，恒流 I_S 和电阻 R 组成一个电流源。

三、微分电路

电路的瞬态过程虽然短暂，但在工程上的应用却相当普遍。在电子技术中常利用 RC 电路实现多种不同的功能。如图 5-35 所示的是 RC 微分电路。

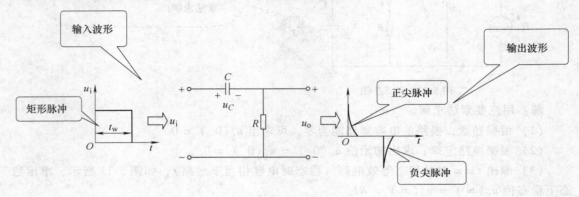

图 5-35　RC 微分电路

图中，矩形脉冲的宽度为 t_w，RC 电路的时间常数为，$\tau = RC$。

提醒你

> RC 微分电路的条件是 $\tau \ll t_w$（一般 $\tau < 0.2 t_w$），从电阻端输出电压。

微分电路的工作原理如图 5-36a 所示，矩形脉冲的幅值为 U_m，脉冲宽度为 t_w，脉冲周期为 T，且电路的时间常数 τ 很小（$\tau \ll t_w$）。

在 $t = 0$ 瞬间，RC 电路输入矩形波电压，u_i 从零突然上升到 U_m，开始对电容元件充电。由于电容元件两端电压不能跃变，在这一瞬间它相当于短路（$u_c = 0$），所以 $u_o = U_m$。因为 $\tau \ll t_w$，电容迅速被充电至 U_m 值，与此同时，u_o 很快衰减到零值。这样在电阻两端就输出了一个正尖脉冲电压。

当 $t = t_w$ 时，u_i 突然下降到零（这时输入端不是开路，而是短路），也由于元件两端电压不能跃变，所以在这瞬间，$u_o = u_c = U_m$，极性与前相反。而后电容元件经电阻很快放电，u_o 衰减到零。这样，电阻两端就输出一个负尖脉冲电压。

接着在 $t = T$ 瞬间，电容又被迅速充电……，如此反复循环，电容两端电压和电阻两端电压分别得到如图 5-36b、c 所示的波形。

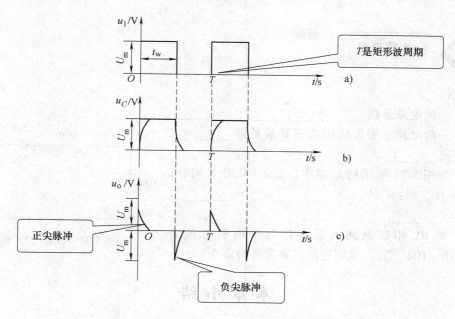

图 5-36　微分电路波形分析

知识点

1. 一阶电路及其三要素

（1）只含一个储能元件的线性电路称为一阶电路。

（2）一阶直流线性电路的暂态过程中，稳态值 $f(\infty)$，初始值 $f(0_+)$ 与时间常数 τ 称为一阶电路的三要素。

2. 三要素法，通过求解电路变量的三要素时间常数 τ、初始值 $f(0_+)$ 和稳态分量 $f(\infty)$ 来确定电路响应的方法。

3. 微分电路可以将矩形波电压转换为尖脉冲，常用作触发信号。

你知道吗？　过电压与过电流

　　一阶线性电路在直流电源的作用下换路时，会发生过电压和过电流现象。如果是在正弦交流电源作用下的一阶电路，在零状态下换路时，也可能发生过电压或过电流的现象。RL 串联电路与正弦电压接通时，在一定条件下，电路换路时也可能出现过电流现象，称为操作过电流。在电气工程中，要采取措施防止这些现象发生。

本节习题

填空题

（1）一阶电路是指 _____。

（2）一阶电路三要素法中的三要素是指 _____、_____ 和 _____。

（3）如图 5-37 所示的电路中，在 $t = 0$ 时 S 闭合，$u_C(0_+) = 0$，则：$u_C(0_+) =$ _____，$\tau =$ _____，$u_C(\infty) =$ _____。

（4）某 RL 串联电路的暂态过程中电感电流为 $i_L(t) = (10 + 10\mathrm{e}^{-100t})$，试问它的三要素各为多少？

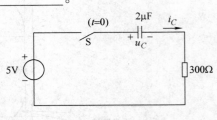

图 5-37 习题（3）图

本 章 小 结

1. 电路由一个稳态（包括接电源前的零状态）变化到另一个新稳态的过程称为暂态过程，又称瞬态过程。电路稳态的改变是由于电源条件或电路参数发生了改变（通常称为换路）。换路定理说明了换路时电路的规律，其表达式为

$$u_C(0_+) = u_C(0_-)$$
$$i_L(0_+) = i_L(0_-)$$

2. 暂态过程持续的时间决定于电路的时间常数 τ。暂态过程经过 $t = 3\tau \sim 5\tau$ 的时间，电压或电流就衰减到可以忽略不计的程度。在工程上认为在 $t = 4\tau$ 以后，暂态过程就基本结束了。

3. 一阶线性 RC 串联电路和 RL 串联电路接通或切断直流电源时的暂态过程中的电压或电流，可以利用它们各自的计算公式计算，也可以运用三要素法计算。三要素法的公式为

$$f(t) = f(\infty) + [f(0_+) - f(\infty)]\mathrm{e}^{-\frac{t}{\tau}}$$

本 章 测 验 题

一、填空题

（1）电路发生换路时，_____ 元件上的电压不能发生突变，_____ 元件上的电流不能发生突变。

（2）在图 5-38 所示的电路中，$R_1 = R_2 = 10\Omega$，$C = 10\mu\mathrm{F}$。开关 S 接到位置 1 前 C 未充电，当开关 S 接到位置 1 瞬间，$u_C(0_+) =$ ____ V，$u_{R_1}(0_+) =$ ____ V，$i(0_+) =$ ____ A；当 C 充电完毕达稳定状态后，$u_C(\infty) =$ ____ V，$i(\infty) =$ ____ A，$u_{R_1}(\infty) =$ ____ V。这时，再将开关 S 由位置 1 切换到位置 2，则开关 S 闭合瞬间，$u_C(0_+) =$ ____ V，$u_{R_1}(0_+) =$ ____ V，$i(0_+) =$ ____ A；$u_{R_2}(0_+) =$ ____ V；电路达到稳定时后，$u_C(\infty) =$ ____ V，$i(\infty) =$ ____ A，$u_{R_1}(\infty) =$ ____ V，$u_{R_2}(\infty) =$ ____ V。

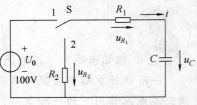

图 5-38 填空题第（2）题图

二、是非题（正确的画"√"，错误的画"×"）

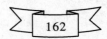

（1）电路的暂态过程是短暂的，其暂态过程时间的长短由电路参数决定。　　　　（　　）

（2）如果电路中只含有电阻元件，当电路状态发生变化时，也会存在暂态过程。　　（　　）

（3）如果在电容器两端存在电压，则说明电容器储存了电能。　　　　　　　　　（　　）

（4）在电路的暂态过程中，电压和电流的变化是按指数规律变化的。　　　　　　（　　）

（5）因为电容两端的电压不能发生突变，则将未充电的电容器接通直流电源瞬间，相当于短路。（　　）

三、问答题

（1）如何求 RC 和 RL 串联电路暂态过程的时间常数？它们的物理意义是什么？

（2）什么叫一阶线性电路的三要素法？使用三要素法的条件是什么？某 RC 串联电路暂态过程中电容电压为 $u_c(t) = (30 + 40e^{-100t})$，试问它的三要素各为多少？

四、计算题

（1）在图 5-39 所示的电路中，$U_S = 24V$，$R_1 = 6\Omega$，$R_2 = 4\Omega$，开关 S 接通前，电容器未充电，求开关接通后，各支路电流的初始值，$i_1(0_+)$、$i_2(0_+)$ 和 $i(0_+)$，以及电路达到稳定状态后，各支路电流的稳态值 $i_1(\infty)$、$i_2(\infty)$ 和 $i(\infty)$。

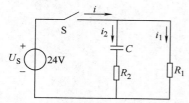

图 5-39　计算题第（1）题图

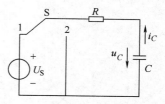

图 5-40　计算题第（2）题图

（2）图 5-40 所示电路原来已处于稳定状态，$U_S = 6V$，$R = 20\Omega$，$C = 0.05F$，现把开关 S 从 1 断开，接到 2，试求换路后的 i_c 和 u_c 的变化规律。

（3）如图 5-41 所示的电路中，$U_S = 9V$，$R = 2\Omega$，$L = 1H$，开关 S 闭合前电路已经处于稳态，电感中电流为零。试用三要素法求开关 S 闭合后的 i_L 和 U_R。

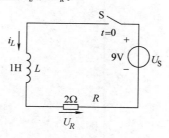

图 5-41　计算题第（3）题图

第二部分　实验与实训

实验一　万用表的使用

一、实验目的

1. 了解万用表的构造，掌握转换开关的使用和标尺的读法。
2. 掌握用万用表测直流电压、直流电流的方法。
3. 掌握直流稳压电源的使用方法。

二、认识万用表

1. 万用表的结构　实验图 1-1 所示是一指针式万用表，它主要由表头、线路、转换开关、表盘等四部分构成。实验图 1-2、实验图 1-3 所示分别是万用表的面板和表盘图。

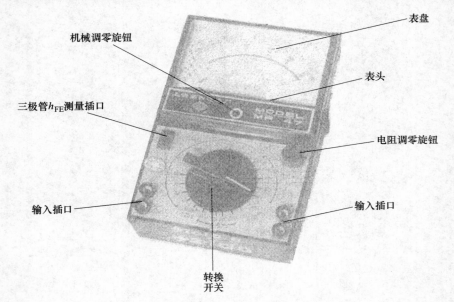

机械调零旋钮
表盘
表头
三极管 h_{FE} 测量插口
电阻调零旋钮
输入插口
输入插口
转换开关

实验图 1-1　MF47 型万用表

2. 读数　交、直流公共标尺直接读数和换标的方法见实验表 1-1。万用表标尺读法实例如实验图 1-4 所示。

实验表 1-1　交、直流公共标尺读数法

所选量程	读数标尺	表针指示值	读　数
5	0 ~ 50	D	$\frac{1}{10}D$
50			D
500			$10D$
2.5	0 ~ 25	D	$\frac{1}{10}D$
25			D
250			$10D$

（续）

所选量程	读数标尺	表针指示值	读　　数
10			$\frac{1}{5}D$
100	0～50	D	2D
1000			20D

注：有的型号表没有 0～25 标尺，只有 0～250 标尺，换标的方法类似。

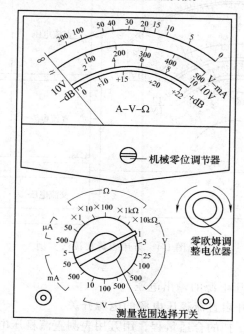

实验图 1-2　万用表面板

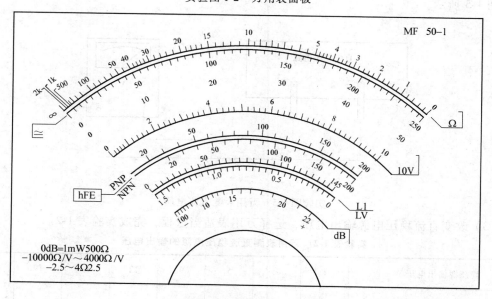

实验图 1-3　万用表表盘

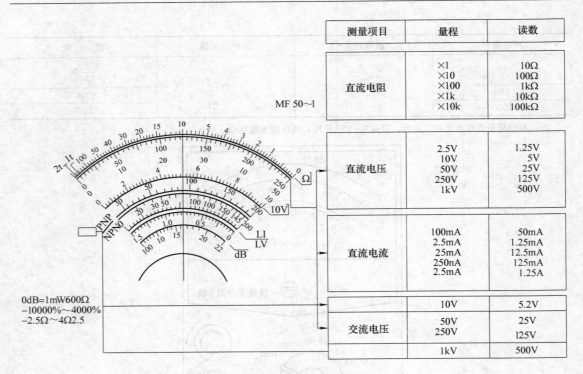

测量项目	量程	读数
直流电阻	×1 ×10 ×100 ×1k ×10k	10Ω 100Ω 1kΩ 10kΩ 100kΩ
直流电压	2.5V 10V 50V 250V 1kV	1.25V 5V 25V 125V 500V
直流电流	100mA 2.5mA 25mA 250nA 2.5mA	50mA 1.25mA 12.5mA 125mA 1.25A
交流电压	10V 50V 250V 1kV	5.2V 25V 125V 500V

实验图 1-4　万用表标尺读法实例

三、实验内容及步骤

1. 用万用表测直流稳压电源的输出电压

（1）插上电源插头，开启直流稳压电源的电源开关。

（2）万用表选直流电压挡的合适量程，用万用表测直流稳压电源输出电压。接线方法如实验图 1-5 所示。

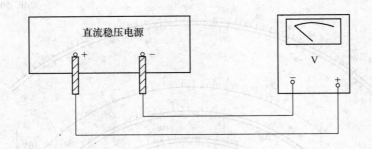

实验图 1-5　万用表测直流电压

（3）改变直流稳压电源输出电压，选择万用表适当量程，完成实验表 1-2。

实验表 1-2　万用表测直流稳压电源的输出电压

稳压源输出电压/V	1	2	5	9	12	16	19	20
万用表测量值/（量程选择）								

提醒你

1. 正确选择万用表的转换开关。如果误选了交流电压挡，读数可能会偏高，也可能为零（与万用表接法有关）；如果误选了电流挡或电阻挡，会造成指针打弯或烧毁表头的危险。

2. 万用表应与被测电路或被测元件并联，红表笔接高电位点，黑表笔接低电位点。

2．用万用表测直流稳压电源的输出电流

（1）万用表选直流电流挡的合适量程，用万用表测直流稳压电源的输出电流。接线方法如实验图1-6所示。

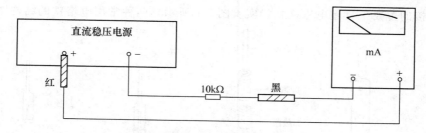

实验图 1-6　万用表测直流电流

（2）改变直流稳压电源输出电压，选择万用表适当量程，完成实验表1-3。

实验表 1-3　万用表测直流稳压电源的输出电流

稳压源输出电压/V	5	8	10	12	15	17	19	20
万用表测量值/（量程选择）								

提醒你

万用表必须串联到被测电路中。红表笔接高电位，黑表笔接低电位。严禁带电转换开关。

四、实验报告内容

1. 完成实验表1-2、实验表1-3。

2. 由测得实验数据，分析产生误差的可能原因。

3. 如有烧表事故，说明烧表的原因。

实验二 焊接练习

一、实验目的

1. 了解焊接的基本知识，掌握电烙铁的使用。

2. 练习焊接技术，掌握"三步焊接法"。

3. 学会鳄鱼夹导线的制作方法。

二、焊接基本知识

1. 焊接工具——电烙铁 用加热或其他方法使两种金属永久地牢固结合的过程称为焊接。手工焊接的主要工具是电烙铁，如实验图 2-1 所示是两种常用电烙铁的结构图。

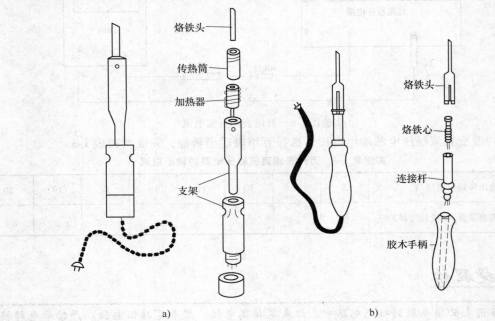

a)   b)

实验图 2-1 电烙铁

a）外热式电烙铁 b）内热式电烙铁

 提醒你

（1）新电烙铁在使用前应用万用表欧姆挡测量一下电烙铁的电源线插头两端是否短路或开路，以及插头和外壳间是否短路或漏电。

（2）新电烙铁在使用前应先"上锡"后再使用。上锡即在新的电烙铁通电发热后，将焊锡丝放在铬铁尖上镀一层锡，使烙铁不易被氧化。在使用中，应使烙铁头保持清洁，并保证烙铁尖头始终有焊锡。

2. 电烙铁、焊锡丝的执握方式　电烙铁的手握方式有三种：握笔式、正握式、反握式，如实验图 2-2 所示。

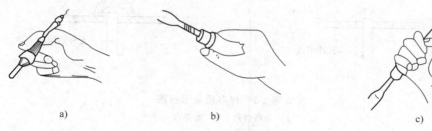

实验图 2-2　电烙铁的握法
a）握笔式　b）正握式　c）反握式

焊锡丝的两种执法如实验图 2-3 所示。

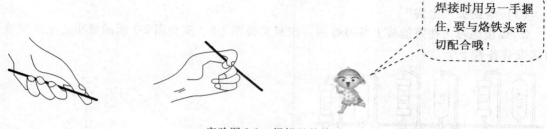

> 焊接时用另一手握住，要与烙铁头密切配合哦！

实验图 2-3　焊锡丝的执法

3. "三步"焊接法

（1）左、右手各握焊锡丝和电烙铁靠近待焊元件，如实验图 2-4a 所示。

（2）将烙铁头贴紧元件焊脚处加热，同时将焊锡丝移至焊接处，使焊锡融化适量，并形成表面光滑的合金焊点，如实验图 2-4b 所示。

（3）待焊点形成后，迅速将电烙铁和焊锡丝抽出，如实验图 2-4c 所示。

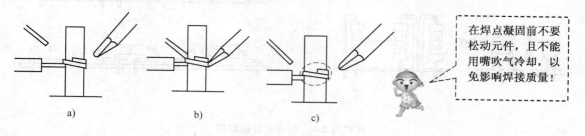

a)　　　　　　　　b)　　　　　　　　c)

> 在焊点凝固前不要松动元件，且不能用嘴吹气冷却，以免影响焊接质量！

实验图 2-4　三步焊接法

提醒你

　　好的焊点应具有良好的导电性，有一定的强度、焊料适中、有光泽、不毛刺。注意不要虚焊。虚焊即是焊点处只有少量的锡焊住，造成接触不良，时通时断，如实验图 2-5 所示。

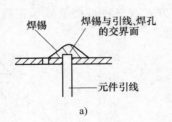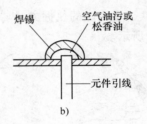

实验图 2-5　焊点质量示意图

a）合格焊点　b）虚焊点

三、实验内容及步骤

1. 准备工作

（1）用万用表欧姆挡测量一下电烙铁的电源线插头两端是否短路或开路。

（2）练习烙铁的三种握法。

（3）烙铁头"上锡"。

2. 焊接练习　在万能板上练习焊接。按照实验图 2-6、实验图 2-7 所示要求，立式安装、卧式安装各若干个。

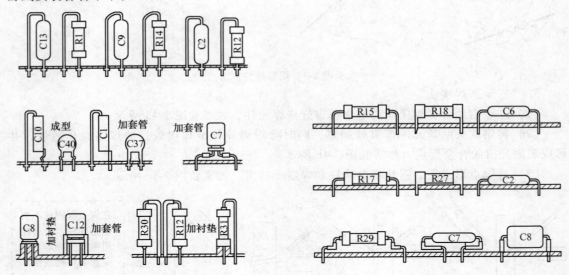

a）　　　　　　　　　　　　　　　　b）

实验图 2-6　阻容元件的焊接

a）立式安装　b）卧式安装

3. 鳄鱼夹导线的制作

（1）将导线剪裁，两端剥头并捻头（指多股芯线）。

（2）导线头上锡（浸锡）。

（3）将导线两端焊上鳄鱼夹（红配红，黑配黑）。如实验图 2-8 所示。

四、实验报告内容

1. 简述焊接步骤。

2. 你认为焊接时应注意什么？

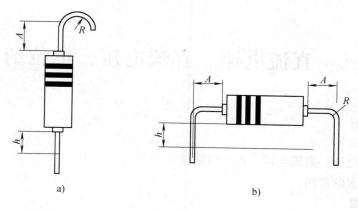

a)   b)

实验图 2-7　引线整形基本要求

a）立式安装　b）卧式安装

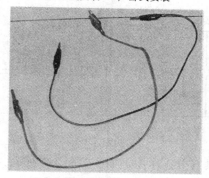

实验图 2-8　鳄鱼夹

3. 良好的焊点有什么要求？影响焊点的原因有哪些？

4. 烙铁头"烧死"怎么处理？

实验三　直流电流、直流电压、电位的测量

一、实验目的

1. 练习焊接技术。
2. 掌握直流电压、直流电流、电位的测量。
3. 巩固万用表的使用。

二、实验原理

供焊接的实验电路如实验图 3-1 所示。是一电阻混联电路，电阻混联电路就是既有电阻串联，又有电阻并联的电路。

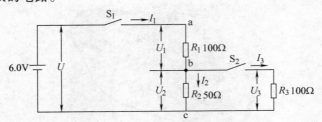

实验图　3-1

串联电路中，串联电阻具有分压作用，如实验图 3-2 所示。

并联电路中，并联电阻具有分流作用，如实验图 3-3 所示。

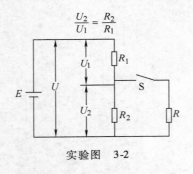

实验图　3-2

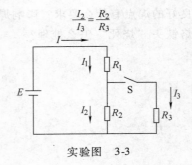

实验图　3-3

三、实验内容及步骤

1. 焊接如实验图 3-1 所示的电路。

2. 测量电路的直流电压

（1）接通稳压电源，调节它的输出电压为 6.0V。

（2）选择万用表直流电压 10V 量程挡，用万用表测量直流电源的输出电压 U。

（3）比较稳压电源指示值和万用表测量值，并记录在实验表 3-1 中。

（4）闭合开关 S_1，断开开关 S_2，给电路通电，用万用表分别测量电阻 R_1、R_2 上的电压 U_1、U_2，并记录在实验表 3-1 中。

（5）闭合开关 S_1、S_2，分别测量电阻 R_1、R_2、R_3 上的电压 U_1、U_2、U_3，并记录在实验

表 3-1 中。

实验表 3-1　直流电压、直流电流测量

给定电源电压/V　　　　　　　　　　　　　　　　　　　　　　　　　　　　实测电源电压/V

测量项目 被测量 开关状态	测量直流电压			测量直流电流		
	U_1/V	U_2/V	U_3/V	I_1/A	I_2/A	I_3/A
S_1 闭合 S_2 断开						
S_1 闭合 S_2 闭合						

3. 测量电路的直流电流

（1）闭合开关 S_1，断开开关 S_2，给电路通电。

（2）选择万用表直流电流 100mA 量程挡。

（3）测量流过电阻 R_1、R_2 的电流 I_1、I_2，并记录在实验表 3-1 中。

（4）闭合开关 S_1、S_2，测量流过电阻 R_1、R_2、R_3 的电流 I_1、I_2、I_3，并记录在实验表 3-1 中。

4. 电位的测量

（1）闭合开关 S_1、S_2，给电路通电。

（2）以 a 为参考点，测量 b、c 的电位 V_b、V_c，并记录在实验表 3-2 中。

（3）以 b 为参考点，测量 a、c 的电位 V_a、V_c，并记录在实验表 3-2 中。

（4）以 c 为参考点，测量 a、b 的电位 V_a、V_b，并记录在实验表 3-2 中。

实验表 3-2　电位的测量

参考点	电位 V_a/V	V_b/V	V_c/V
a			
b			
c			

四、实验报告内容

1. 闭合 S_1，断开 S_2 时，R_1、R_2 的电压 U_1、U_2 跟电阻的大小有什么关系？

2. 闭合 S_1、S_2 时，R_2 的电压 U_2 增大还是减小？

3. 闭合 S_1、S_2 时，R_2 的电流 I_2 为什么会减小？电流 I_1、I_2、I_3 之间有什么关系？

实验四　电阻的认识及测量

一、实验目的

1. 掌握万用表欧姆挡的正确使用方法及电阻标尺的读数方法。
2. 掌握用万用表测电阻的电阻值、电位器的标称值及判断电位器质量的方法。

二、实验原理

万用表处于 Ω 挡时，被测电路元件（电阻或电位器）通过万用表表笔与表内干电池、表头线圈构成闭合回路，此时就有电流流过表头线圈，由于磁场间的相互作用而推动指针偏转，从而指示被测电阻阻值、被测电位器标称值。

三、实验内容及步骤

1. 测电阻的电阻值

（1）由电阻的色标确定其标称值并记录在实验表 4-1 中。

（2）万用表转换开关转到 Ω 挡，根据电阻的标称值选择恰当倍率挡。

（3）短路调零。

（4）将测量结果记录在实验表 4-1 中，并与电阻的标称值比较。

实验表 4-1　电阻的测量

电阻	标称值		测量值	误　差
	色带	大小		
1				
2				
3				
4				
5				
6				

 提醒你

倍率挡的选择应尽量使指针指示在电阻标度尺的中心偏右位置，即刻度较稀的部位，误差较小，如实验图 4-1 所示。

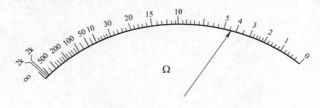

实验图　4-1

2. 电位器的测量　如实验图 4-2 所示电位器有三个接线端子，1、3 两端间的电阻值就是电位器的标称电阻值。转动旋转轴时，可改变 1、2 间和 2、3 间的电阻值。由活动触点的接触情况可判断电位器的质量，其不同现象和结论见实验表 4-2。

实验图 4-2　碳膜电位器的结构

实验表 4-2　电位器动触点的接触情况

条　件	现　象	结　论
缓慢转动转轴	指针在 0～标称值之间平稳移动	好电位器
	指针跳变（一会儿为 0，一会儿变为 ∞）	动触点接触不良或电阻片电阻涂层不均匀，有污染，不能使用
	指针平稳移动，但所测最大阻值小于标称值，所测最小值大于 0	质量不好，不宜使用

（1）测电位器的标称值

1）万用表转换开关转到 Ω 挡，根据电位器的标称值选择恰当倍率挡。

2）短路调零。

3）万用表的红、黑表笔分别接在 1、3 触点上。

4）缓慢转动转轴，观察万用表指针的变化情况，并将结果记录在实验表 4-3 中。

（2）测活动触点的接触情况

1）将万用表的一表笔固定在触点 2，另一表笔分别接在 1、3 触点上，如实验图 4-3 所示。缓慢转动转轴，观察万用表指针的变化情况，并将结果记录在实验表 4-3 中。

2）根据实验表 4-2 的现象、结论，判断电位器的质量

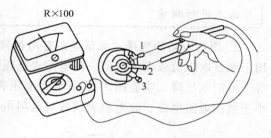

R×100

实验图 4-3　测活动触点的接触情况

实验表 4-3　电位器的测量

序号	标称值 R_{13}	动触点接触情况		质　量
		R_{12}	R_{23}	
电位器 1				
电位器 2				

四、实验报告内容

1. Ω 挡使用时有哪些注意事项？

2. 测电阻时指针偏转到标尺的什么位置时相对误差较小？

3. 电阻的标称值与测量值存在误差的原因。

实验五　伏安法测电阻

一、实验目的

1. 学会利用伏安法测量电阻值。
2. 学会选择不同的测量电路测量电阻值不同的电阻。
3. 复习使用万用表测量电阻值、直流电压、直流电流的方法。

二、实验原理

1. 伏安法测电阻　导体的电阻 $R = \dfrac{U}{I}$，用伏特计和安培计分别测出电阻两端的电压 U 和流过电阻的电流 I，就可以算出电阻值 R。

提醒你

> 伏安法（以及欧姆表法、单臂电桥法）可用来测量 $1\Omega \sim 0.1\mathrm{M}\Omega$ 的电阻，而电阻值在 1Ω 以下的测量需用双臂电桥。电阻值在 $0.1\mathrm{M}\Omega$ 以上的电阻，例如绝缘电阻，须用兆欧表进行测量。

2. 测量电路的选择　测量电路有两种接线方法。实验图 5-1a 所示为电压表前接法，适用于测量电阻值较大的电阻，因电流表电压降远小于被测电阻的电压降，故电压表读数近似等于电阻电压降。实验图 5-1b 所示为电压表后接法，适用于测量小电阻，因电压表电流远小于被测电阻电流，故电流表读数与电阻电流近似相等。

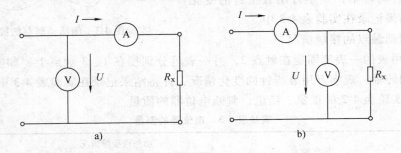

实验图 5-1　伏安法测电阻的接线方法

a）电压表前接法　b）电压表后接法

三、实验内容及步骤

1. 选出 $56\mathrm{k}\Omega$ 和 330Ω 的电阻共两个。
2. 开启直流稳压电源，将输出电压调到 6V。
3. 分别用电压表前接法和电压表后接法对 $56\mathrm{k}\Omega$ 和 330Ω 的电阻进行测量，接线方法如实验图 5-2 所示。

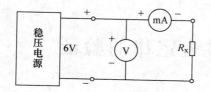 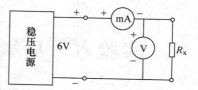

实验图 5-2　伏安法测电阻接线图

4. 记录电压表、电流表的读数并将测量结果填入实验表 5-1。

实验表 5-1　伏安法测电阻

标称阻值/kΩ	电压表前接法		电压表后接法	
	测量值	计算值	测量值	计算值
0.33	$U =$ $I =$	$R = \dfrac{U}{I}$	$U =$ $I =$	$R = \dfrac{U}{I}$
0.56	$U =$ $I =$	$R = \dfrac{U}{I}$	$U =$ $I =$	$R = \dfrac{U}{I}$ $=$

四、实验报告内容

分析实验表 5-1 中两种测量方法的结果，说明产生误差的原因。

实验六 基尔霍夫定律的验证

一、实验目的

1. 验证基尔霍夫定律的正确性，加深对基尔霍夫定律的理解。

2. 进一步熟悉电流表、电压表和稳压电源的使用。

二、实验原理

实验电路如实验图 6-1 所示。图中标出了各支路电流的参考方向。

电路中，任一节点上电流的代数和恒等于零，即 $\Sigma I=0$；对任一闭合回路，沿回路绕行一周，回路中各段电压的代数和恒等于零，即 $\Sigma U=0$。

三、实验设备

1. 直流稳压电源（0~30V）；

2. 直流数字电压表（0~200V）；

3. 直流数字毫安表（0~200mA）；

4. 基尔霍夫/叠加原理实验电路板（DGJ-5）。

实验图 6-1 实验电路

四、实验内容与步骤

实验用 DGJ-03 挂箱的"基尔霍夫定律/叠加原理"线路，如实验图 6-2 所示。

1. 实验前先设定三条支路的电流 I_1、I_2、I_3 的参考方向，如实验图 6-2 所示。

2. 分别将两路直流稳压电源接入电路，令 $U_{S_1}=6V$，$U_{S_2}=12V$。

3. 熟悉电流插头的结构，将电流插头的两端接至数字毫安表的"+、-"两端。

4. 将电流插头分别插入三条支路的三个电流插座中，记录电流值并将测量结果填入实验表 6-1 中。

实验图 6-2 基尔霍夫定律/叠加原理线路图

5. 用直流数字电压表测量两路电源及各电阻元件两端的电压值，记录电压值并将测量结果填入实验表 6-1 中。

6. 对每个节点，验证 KCL 的正确性于实验表 6-2 中。

7. 对实验电路中的每个回路，验证 KVL 的正确性于实验表 6-2 中。

实验表 6-1 实验数据

被测量	I_1/mA	I_2/mA	I_3/mA	U_{S_1}/V	U_{S_2}/V	U_{FA}/V	U_{AB}/V	U_{AD}/V	U_{CD}/V	U_{DE}/V
计算值										
测量值										
相对误差										

实验表 6-2 验证 KCL、KVL 正确性

项　　目	计　　算
节点_____	$\sum I =$
节点_____	$\sum I =$
回路_____	$\sum U =$
回路_____	$\sum U =$
回路_____	$\sum U =$

五、实验注意事项

1. 需用到电流插座，如实验图 6-3 所示。

2. 所有需要测量的电压值，均以电压表测量显示的读数为准。U_{S_1}、U_{S_2} 也需测量，而不应取电源本身的显示值。

3. 严防稳压电源两个输出端碰线短路。

4. 用指针式电压表或电流表测量电压或电流时，如果仪表指针反偏，则必须调换仪表极性，重新测量。如果指针正偏，可读得电压或电流值。若用数字电压表或电流表测量，则可直接读出电压或电流值。但应注意：所读得的电压或电流值的正确正、负号应根据设定的电流参考方向来判断。

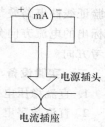

实验图 6-3 电流插座和电源插头示意图

六、实验报告内容

1. 根据实验图 6-2 的电路参数，计算出待测支路电流 I_1、I_2、I_3 和各电阻上的电压值，填入实验表 6-2 中。计算相对误差，填入实验表 6-2 中。

2. 对选定的节点，计算流入该节点的电流的代数和，填入实验表 6-2 中，根据实验结果可以得出什么结论？

3. 对选定的回路，计算该回路电压降的代数和，填入实验表 6-2 中，根据实验结果可以得出什么结论？

实验七　叠加原理的验证

一、实验目的

验证线性电路叠加原理的正确性，加深对线性电路叠加性的认识和理解。

二、实验原理

实验电路如实验图 7-1 所示。两个电源 U_{S_1} 和 U_{S_2}，可以通过开关 K_1 和 K_2 的通断，分别实现两个电源的单独作用和共同作用；通过测量各种情况下的电流和电压，可以验证线性电路叠加原理的正确性。图中标出的电流方向分别为各支路电流的参考方向。

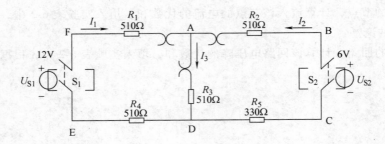

实验图　7-1

三、实验设备

1. 直流稳压电源（0~30V）；
2. 直流数字电压表（0~200V）；
3. 直流数字毫安表（0~200mA）；
4. 叠加原理实验电路板（DGJ—05）。

四、实验内容和步骤

实验线路用 DGJ-03 挂箱的"基尔夫定律/叠加原理"线路，如实验图 7-2 所示。

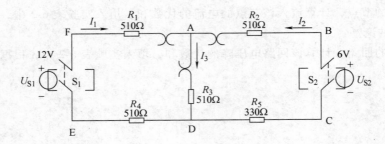

实验图　7-2

1. 将两路稳压源的输出分别调节为 12V 和 6V，接入 U_{S_1} 和 U_{S_2} 处。

2. 令 U_{S_1} 电源单独作用（将开关 S_1 接 U_{S_1} 侧，开关 K_2 接短路侧）。用直流数字电压表和毫安表（接电流插头）测量各支路电流及各电阻元件两端的电压，将数据填入实验表 7-1。

3. 令 U_{S_2} 电源单独作用（将开关 K_1 接短路侧，开关 K_2 接 U_{S_2} 侧），用直流数字电压表和毫安表（接电流插头）测量各支路电流及各电阻元件两端的电压，将数据记入实验表 7-1。

4. 令 U_{S_1} 和 U_{S_2} 共同作用（开关 K_1 和 K_2 分别接 U_{S_1} 和 U_{S_2} 侧），用直流数字电压表和毫安表（接电流插头）测量各支路电流及各电阻元件两端的电压，将数据记入实验表 7-1。

5. 根据实验数据表，进行分析、比较，归纳、总结实验结论，即验证线性电路的叠加性。

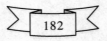

实验表 7-1 电源作用时的电流和电压数据

测量项目 实验内容	U_{S_1}/V	U_{S_2}/V	I_1/mA	I_2/mA	I_3/mA	U_{AB}/V	U_{CD}/V	U_{AD}/V	U_{DE}/V	U_{FA}/V
U_{S_1} 单独作用										
U_{S_2} 单独作用										
U_{S_1}、U_{S_2} 共同作用										

五、实验注意事项

1. 用电流插头测量各支路电流或者用电压表测量各电阻元件的电压降时，应注意仪表的极性，正确判断测得值的正、负号后，填入数据表格。

2. 注意正确地选择仪表量程。

六、实验报告内容

1. 当两个电源共同作用时，通过每一个元件的电流与每个电源单独作用时通过该元件的电流有什么关系？

2. 当两个电源共同作用时，每一个元件两端的电压与每个电源单独作用时该元件两端的电压有什么关系？

3. 在叠加原理实验中，要令 U_{S_1}、U_{S_2} 分别单独作用，应如何操作？可否直接将不作用的电源（U_{S_1} 或 U_{S_2}）短接置零？为什么？

实验八　电感、电容的简易测量

一、实验目的

1. 掌握用万用表简易测量电容和电感质量的方法。
2. 学会用万用表判别电解电容的极性。
3. 掌握模拟式万用表处于 Ω 挡时表笔颜色与内电源极性的关系。

二、实验原理

模拟式万用表处于 Ω 挡时表笔颜色与内电源极性的关系如实验图 8-1 所示（注意：此图为万用表"＋"、"－"端接电源的示意图，只用于理解和记忆，不代表万用表内部的真实结构和实验电路）。

当用黑表笔分别接触电感 L 或电容器 C 的两端时，表内电源 E_0 通过欧姆表内阻 nR_0 和表头线圈构成回路，从而对电容 C 充电、放电，或有电流流过电感 L 的线圈，这样，根据指针的偏转情况即可判断电容 C 或电感 L 的质量（短路、断路、漏电、失效等）。

三、实验内容及步骤

1. 电容器的质量判别

（1）选挡，选 Ω 挡的 R×10k 挡（应先调零）。

（2）接法，一般电容，万用表黑红表笔可任意接电容的两根引线；电解电容，黑表笔接电容正极，红表笔接电解电容负极（电解电容测试前应先将电容器正、负极短路放电）。

（3）测试时的现象和结论，见实验表 8-1 。

实验图 8-1　万用表处于 Ω 挡时表笔颜色与内电源极性的关系

实验表 8-1　用 Ω 挡测电容时的现象和结论

分　类	现　　　象	结　　　论
一般电容	表针基本不动（指在 ∞ 附近）	好电容
电解电容	表针先较大幅度右摆，然后慢慢向左退回 ∞	
一般电容	表针不动（停在 ∞ 上）	坏电容（内部断路）
电解电容		
一般电容	表针指示阻值很小	坏电容（内部短路）
电解电容		
一般电容	表针指示阻值较大（几百 MΩ＜阻值＜∞）	漏电（表针指示值即为漏电阻）
电解电容	表针先大幅度右摆，然后慢慢向左退，但退不回 ∞ 处（几百 MΩ＜阻值）	

提醒你

（1）测试时注意不能用两手并接在被测电容的两端，以免人体的漏电电阻影响判别结果，如实验图 8-2 所示。

（2）对 5000pF 以下的小电容，指针摆动（充、放电）不易看清楚，可在第一次测量后（即充电后），立即将电容器两脚对调，再测一次，这时又进行了一次充电，故表针再摆动一次，而且比第一次幅度大一些。如此将电容器两脚多调换几次，就可以看见指针的明显偏转。

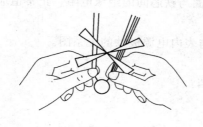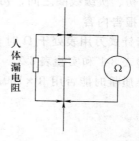

实验图 8-2　测电容时的错误接法

2. 电解电容极性的判别

（1）选档，选 Ω 挡的 $R \times 10k$ 挡（应先调零）。

（2）接法，黑、红表笔任意接电解电容的两脚测量电解电容的漏电阻，然后将两表笔对调一下再测出漏电阻。两次测量中，漏电阻大的那次为正向接法，黑表笔接的是电解电容正极。

提醒你

实际使用中必须注意电解电容的极性，按极性要求正确连接到电路中，否则，可能引起电解电容击穿或爆炸。

3. 可变、半可变电容器的测试　万用表选 $R \times 1k$ 挡，两表笔分别接动片、定片引出端。来回转动动片，若表针一点不动，则动定片间无碰片（短路），为好电容；如转动动片时，表针突然跳动一下，则动定片间有碰片（短路）处，为坏电容，不宜使用，应检修。

4. 电感器质量的判别

（1）选档，选 Ω 挡的 $R \times 1$ 挡。

（2）接法，调零后表笔任意接电感的两根引线。

（3）测试时的现象和结论，见实验表 8-2 。

5. 电源变压器的简易测量

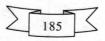

实验表 8-2 测电感时的现象和结论

现 象	可能原因	结 论
表针指示电阻很大	电感线圈多股线中有几股断线	
表针不动（停在∞上）	电感线圈开路	坏电感不宜使用
表针指示电阻值为零	电感线圈严重短路	
表针指示电阻值为零点几欧到几欧		好电感

（1）区别初、次级，一般电子设备常用降压变压器。它的初级接 220V 市电，圈数多、线径细，直流电阻一般为几十欧到几百欧（功率越大，电阻越小）。次级的圈数少、线径粗，直流电阻小。所以测直流电阻可区别初、次级，电阻最大者为初级线圈。

（2）判别质量，对初级，看直流电阻是否为正常值（几十欧至几百欧）。若所测电阻为∞，则线圈断路；若所测电阻小于正常值，则线圈匝间有短路。对次级，只测是否断路。

最后，测初、次级线圈之间，初、次级线圈与铁芯间的绝缘电阻，正常值应为∞。

四、实验报告内容

1. 画出指针式万用表处于 Ω 时表笔颜色与表内电源极性的关系图。
2. 抄实验表 8-1 和实验表 8-2。
3. 测电感质量时能否用 R×100、R×1k 挡？

实验九 认识正弦交流电

一、实验目的

1. 初步学会示波器、信号发生器的使用方法。
2. 观察正弦交流电波形，学会测定交流电的三要素。

二、实验原理

波形按正弦规律变化的交流电称为正弦交流电，如实验图 9-1 所示。其三要素分别为最大值（有效值）、周期（频率、角频率）和初相。

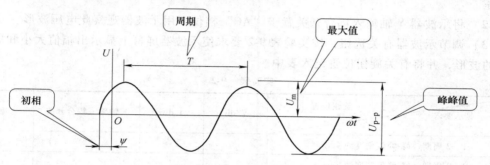

实验图 9-1 正弦交流电压波形

 提醒你

电压峰峰值 $U_{\text{P-P}}$ 与电压最大值 U_{m} 的关系为 $U_{\text{P-P}} = 2U_{\text{m}}$。

三、实验内容及步骤

按实验图 9-2 连线。

1. 测试给定频率和电压时信号发生器的输出电压值　按实验表 9-1 要求，调节低频信号发生器的有关旋钮，输出给定频率和电压的正弦波信号。用电子电压表分别测试电压值并将各选钮位置填入实验表 9-1 中。

实验表 9-1　低频信号发生器输出信号的调节和测量

对输出信号的要求	频率/kHz	0.05	0.25	1	3	15	50
	电压/V	5	1.8	0.6	0.15	0.053	0.005
低频信号发生器旋钮位置	旋钮						
	输出衰减/dB						
电子电压表放置的量程							

2. 用示波器观察交流电压波形

（1）由低频信号发生器输出一个频率为 5kHz、电压值为 3V（由电子电压表测）的正弦

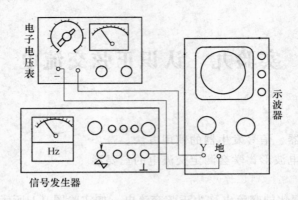

实验图 9-2

波电压。

（2）将示波器 Y 轴输入耦合开关置于"AC"档位，用示波器观察此电压波形。

（3）调节示波器有关选钮，按实验表 9-2 要求使示波器屏幕上显示出幅值大小和周期数不同的波形，并将有关旋钮位置记入表中。

实验表 9-2

旋钮位置 显示要求	V/div	t/div	Y 轴输入耦合开关	电平
1—2 周期、峰-峰值刻度约 4div				
2—3 周期、峰-峰值刻度约 5div				
3—4 周期、峰-峰值刻度约 2div				

四、实验报告内容

1. 整理各项实验数据。

2. 用示波器测电压时，荧光屏纵轴代表什么？横轴代表什么？

3. 用示波器观察波形，为了达到如下要求，需要调节哪些选钮？

（1）波形清晰；

（2）亮度适中；

（3）改变波形的周期数；

（4）改变波形的幅度。

实验十 荧光灯的安装

一、实验目的

1. 了解荧光灯电路的基本结构与工作原理;
2. 掌握荧光灯电路的安装技术。

二、荧光灯的基本结构与工作原理

1. 荧光灯电路的基本结构 荧光灯电路主要由灯管、镇流器、辉光启动器等部分组成。各部件外形如实验图10-1所示。

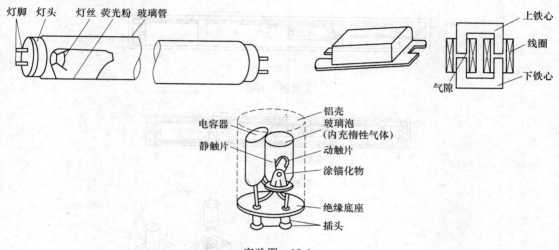

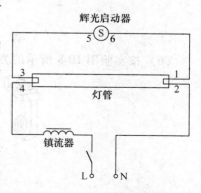

实验图 10-1

2. 荧光灯接线图 荧光灯接线图如实验图10-2所示。

三、荧光灯的安装

1. 按实验图10-2所示接线。

2. 安装步骤

（1）把两只灯座固定在灯架左右两侧的适当位置，再把辉光启动器座安装在灯架上，如实验图10-3所示。

（2）用单导线连接一灯座大脚上的接线柱3与辉光启动器的一接线柱6，辉光启动器座的另一个接线柱5与灯座上的接线柱1也用单导线连接，如实验图10-4所示。

（3）将镇流器的任一根引出线与灯座的接线柱4相连接，如实验图10-5所示。

（4）将电源线的零线与灯座的接线柱2连接，通过开关的相线与镇流器的另一根引出线连接，如实验图10-6所示。

（5）按实验图10-7所示的方式将辉光启动器装入辉光启动器座中。

实验图 10-2 荧光灯接线图

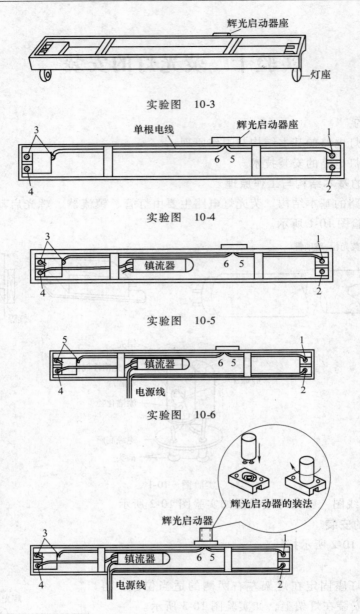

实验图　10-3

实验图　10-4

实验图　10-5

实验图　10-6

实验图　10-7

（6）按实验图 10-8 所示的方式把灯管装入灯座，检查无误后通电试验。

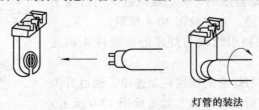

灯管的装法

实验图　10-8

提醒你

> 不同的灯管须配用不同的镇流器和辉光启动器；电源的相线必须进开关，中性线直接进灯管。

四、荧光灯电路常见故障分析

实验表 10-1　荧光灯电路常见故障分析

故障现象	产生故障的可能原因	排除方法
灯管不发光	（1）灯座触点接触不良 （2）辉光启动器损坏或与基座触点接触不良	（1）重新安装灯管 （2）先旋起辉光启动器，再检查线头，不行则更换辉光启动器
灯管两端发亮，中间不亮	辉光启动器接触不良，或内部小电容击穿或基座线头脱落	先旋起辉光启动器，再检查线头，不行则更换辉光启动器
辉光启动困难	（1）辉光启动器不配套 （2）环境温度低 （3）镇流器不配套	（1）换配套辉光启动器 （2）用热毛巾在灯管上熨烫 （3）换配套镇流器
镇流器异声	（1）电源电压过高 （2）镇流器内部故障	（1）调整电压 （2）更换镇流器
灯光闪烁或管内有螺旋形滚动光带	（1）辉光启动器或镇流器接触不良 （2）镇流器不配套 （3）新灯管暂时现象	（1）接好连接点 （2）换配套镇流器 （3）使用一段时间后会自行消失

五、实验报告内容

1. 画出荧光灯电路原理图，简要分析其工作原理。
2. 课外实际安装荧光灯。

参 考 文 献

[1] 李敬梅．电工基础［M］．北京：中国劳动社会保障出版社，2003.

[2] 于建华．电工电子技术基础［M］．北京：人民邮电出版社，2006.

[3] 戴一平．电工技术［M］．北京：机械工业出版社，2001.

[4] 薛涛．电工基础［M］．北京：高等教育出版社，2001.

[5] 杨少光．电工基础［M］．广州：广东高等教育出版社，2005.

[6] 杨少光．电工基础实验［M］．广州：广东高等教育出版社，2005.

[7] 郑广森．少年电工技术入门［M］．福建：福建科学技术出版社，2003.

[8] 饭田芳一．OHM 图解电工电路［M］．北京：科学出版社，2004.

[9] 韦琳．图解电路［M］．北京：科学出版社，2006.

[10] 孙文荪．一招鲜．电工入门［M］．合肥：安徽科学技术出版社，2005.

[11] 易兴俊，卜四青，刘宜兴．电路基础实验与实用电路技能训练［M］．成都：电子科技大学出版社，1998.

[12] 姚文江．安全用电［M］．北京：中国劳动社会保障出版社，2001.

[13] 潭恩鼎．电工基础［M］．北京：高等教育出版社．

[14] 周绍敏．电工基础［M］．北京：高等教育出版社．

[15] 技工学校电子类专业教材编审委员会．电工基础［M］．天津：天津科学技术出版社，2000.

[16] 周绍敏．电工基础［M］．北京：高等教育出版社，2003.

[17] 李书堂．电工基础［M］．3 版．北京：中国劳动社会保障出版社，2003.

[18] 日本电工学手册编辑委员会．图解电工学实用手册［M］．马杰，等译．北京：科学出版社，2006.

[19] 三宅和司．电子元器件的选择与应用［M］．张秀琴，译．北京：科学出版社，2006.

[20] 赵承荻．维修电工技能训练［M］．3 版．北京：中国劳动社会保障出版社，2003.

[21] 潭恩鼎．电工基础［M］．北京：高等教育出版社，1988.

[22] 沈裕钟．电工学［M］．北京：高等教育出版社，1986.

[23] 董锡江．电工学实验［M］．北京：高等教育出版社，1997.

[24] 尹益新，沈蓬．电工基础习题册［M］．北京：中国劳动出版社，1995.